水下作业与装备丛书

水下焊接技术与装备

焦向东　周灿丰　朱加雷　高　辉　黄松涛　著

U0194119

科　学　出　版　社

北　京

内 容 简 介

本书以作者及其研究团队的科研成果为主要素材,对水下焊接技术与装备涉及的应用技术和相关知识进行了系统深入的介绍。全书内容包括水下焊接概述、水下焊接主要应用场合及其结构物、材料与标准、水下湿式焊接与装备、水下干式高压焊接与装备、水下局部干式焊接、水下摩擦焊接等共 6 章。本书介绍的用于水下的焊接方法主要包括焊条焊、药芯焊丝焊接、钨极氩弧焊、熔化极气体保护焊、激光焊、摩擦焊,涉及装备包括焊接电源、焊接专机、焊接机器人及用于支持作业的水下机器人等。

本书可作为海洋工程、水下工程、焊接、船舶等专业辅助教学用书,还可供从事相关专业的工程技术人员和研究人员参考。

图书在版编目(CIP)数据

水下焊接技术与装备 / 焦向东等著. —— 北京 : 科学出版社,2025. 1. ——(水下作业与装备丛书). ISBN 978-7-03-080080-0

Ⅰ. TG456.5

中国国家版本馆CIP数据核字第202407LL37号

责任编辑:万群霞 / 责任校对:王萌萌
责任印制:师艳茹 / 封面设计:蓝正设计

科 学 出 版 社 出版
北京东黄城根北街 16 号
邮政编码:100717
http://www.sciencep.com
三河市春园印刷有限公司印刷
科学出版社发行 各地新华书店经销
*
2025 年 1 月第 一 版 开本:720 × 1000 1/16
2025 年 1 月第一次印刷 印张:16 1/4
字数:327 000
定价:160.00 元
(如有印装质量问题,我社负责调换)

"水下作业与装备丛书"编委会

前　　言

　　水下焊接与切割是水下工程结构的安装和维修施工中不可缺少的重要工艺手段，通常用于海底管道与海洋平台维修、核电站压水反应堆压力容器及乏燃料水池维修、隧道盾构机刀盘刀具维修、舰船应急维修等大型"涉水"设施的维护作业。近 20 年来，由于能源开发、基础设施建设需求的驱动，水下焊接从研究到应用、从工艺到装备都得到了快速发展。

　　区别于陆上普通焊接，水下焊接存在可见度差、水下焊缝含氢量高、水下焊缝冷却速度快、压力影响显著等技术难题，因此需要从焊接工艺、材料、装备及辅助作业措施等多方面协同解决。焊条焊、药芯焊丝焊接、钨极氩弧焊、熔化极气体保护焊、激光焊、摩擦焊等多种工艺均可用于水下焊接，湿式焊接、干式高压焊接、局部干式焊接等多种方法均可用于维修作业，但采用何种焊接工艺、何种作业方法，还需要通过对技术与成本的仔细平衡来决定。

　　北京石油化工学院能源工程先进连接技术北京市高等学校工程研究中心（后简称能源工程研究中心）自从 2002 年承担国家高技术研究计划（863 计划）重大项目"水下干式管道维修系统"的子课题"水下干式高压焊接"以来，在水下焊接领域连续完成了 863 计划重大项目子课题、863 计划项目、国家自然科学基金面上项目和青年基金项目、国家国防科技工业局重大项目子课题、北京市自然科学基金项目课题累计 10 余项，取得的一系列创新研究成果获得了包括一等奖和二等奖在内的省部级科技奖励 6 项，为水下焊接学科发展作出了重要贡献，也有力地促进了海洋石油、核电、盾构机等重要行业焊接维修技术的进步。

　　能源工程研究中心深入研究了焊条焊、钨极氩弧焊、熔化极气体保护焊、激光焊、摩擦焊等多种工艺，以及干式高压焊接、局部干式焊接等多种维修作业方法，依托重大项目设计建造了 1MPa 高压全位置焊接试验舱、50m 水深核电站维修焊接试验舱、2MPa 载人高压焊接试验舱、15MPa 超高压焊接试验舱，研制了海底管道高压焊接维修机器人、水下局部干式试验系统、水下激光焊接试验系统、水下摩擦叠焊试验装置、摩擦螺柱焊系统、无潜式海底管道自动化维修试验系统、数字化超音频直流脉冲 TIG 高压焊接电源等高端水下焊接装备，建立了专业门类齐全、年龄梯队合理的创新团队。

　　本书以能源工程研究中心创新团队近 20 年的科研成果为主要素材，对水下焊接技术与装备进行了系统深入介绍。学术思想体现在两个特殊，一是水与压力对焊接过程的特殊影响，二是水与压力对焊接设备的特殊要求。

　　在此特别感谢科学技术部、国家自然科学基金委员会、国家国防科技工业局、北京市自然科学基金委员会等机构，海洋石油工程股份有限公司、上海核工程研究设计院有限公司、中铁隧道局集团有限公司等企业，对能源工程先进连接技术研究中心水下焊接研究工作的大力支持。

　　书中不当之处，恳请各位读者批评指正。

作　者

2024 年 2 月

目　　录

第1章 水下焊接概述

1.1 水下焊接的历史

水下焊接与切割是水下工程结构安装和维修施工中不可缺少的重要工艺手段，常用于海上救捞、海洋能源等海洋工程、舰船应急维修、核电站压水反应堆压力容器及乏燃料水池维修、隧道盾构机刀盘刀具维修等大型"涉水"设施的维护作业。在焊接的专业教材中，水下焊接中的高压焊接通常作为普通环境常压焊接的比对性补充材料而进行简要的原理性介绍[1]；《焊接手册 焊接方法及设备》等工具书则将其作为独立的一章，侧重从工程应用角度进行介绍[2]。John[3]和房晓明等[4]对水下焊接修复技术进行了比较全面的描述，而TWI和PWI[5]、焦向东等[6]专门对水下湿式焊接与切割的研究成果进行了详细介绍。事实上，近20年因能源开发、基础设施建设需求的驱动，水下焊接从研究到应用、从工艺到装备都得到了快速发展。

水下焊接发展历史的关键事件，经过网络搜索核实如下。1802年，一位名叫Humphrey 的学者指出电弧能够在水下连续燃烧，这预示着水下焊接的可能性。1917年，英国海军船坞的焊工采用水下焊接的方法来封堵位于轮船水下部分漏水的铆钉缝隙，这是水下焊接的首次应用。1932年，Khrenov发明了厚药皮水下专用焊条。1985年，有了第一批经过认可的潜水焊工，并制定了水深小于100m的水下湿法焊接工艺。1987年，水下湿法焊接技术在核电站不锈钢管道的修理工作中得到了应用。图1-1是潜水焊工进行水下焊接的场景[7]。

图1-1 水下焊接场景

1.2　水下焊接的特点

1. 水下焊接的能见度差

水对光的吸收、反射和折射等作用比空气强得多，因此光在水中传播时减弱得很快。另外，焊接时电弧周围会产生大量气泡和烟雾，使水下电弧的能见度非常低。在有淤泥的海底和夹带沙泥的海域中进行水下焊接，水中能见度更差。

2. 水下焊缝的含氢量高

氢是焊接的大敌，如果焊接中的含氢量超过允许值，那么很容易引起裂纹，甚至导致结构的破坏。水下电弧会使其周围的水发生热分解，使溶解到焊缝中的氢增加，水下焊条电弧焊的焊接接头质量差与氢含量高是分不开的。

3. 水下焊缝的冷却速度快

水下焊接时，海水的热传导系数高，约是空气的 20 倍。采用湿法或局部法进行水下焊接时，被焊工件直接处于水中，水对焊缝的急冷效应明显，容易产生高硬度淬硬组织。因此，只有采用干法焊接，才能避免急冷效应。

4. 压力的影响

水深每增加 10m，压力增加 0.1MPa。随着压力增加，电弧弧柱变细，焊道宽度变窄，焊缝高度增加，同时导电介质密度增加，增加了电离难度，电弧电压(后简称弧压)也随之升高，电弧稳定性降低，飞溅和烟尘增多。

5. 水下焊接连续作业难以实现

受水下环境的影响和限制，许多情况下不得不采用焊一段、停一段的方法进行，所以会产生焊缝不连续的现象。

1.3　焊接方法的水下应用与焊接环境营造

1.3.1　焊接方法的水下应用

目前，世界各国正在应用和研究的水下焊接与切割技术种类繁多。可以说，陆上生产应用的焊接与切割方法几乎均在水下尝试过。但是，水下焊接因水的存在，焊接过程变得更加复杂，并且会出现各种各样陆地焊接未遇到的问题。目前，应用较成熟的是电弧焊接与切割技术，此外，还有其他几种焊接方法在特定场合也很有应用前景。

电弧焊中的焊条焊、药芯焊丝焊接、钨极气体保护焊、熔化极气体保护电弧焊在目前的水下维修工程中发挥了重要作用。等离子弧焊与切割由于效率高、经济性好且能够用于超深水，也得到了研究和关注。摩擦焊属于固相连接，应用于水下时不存在电弧焊那样的引弧和维持电弧的问题，故可直接用于水下，也不需要营造干式或局部干式环境，而且焊接参数对水深不敏感，因此在某些特殊场合具有突出的技术优势。摩擦螺柱焊是摩擦焊中的一种方法，主要用于牺牲阳极的安装，是海洋平台、海底管道等水下结构物维护的先进技术。摩擦焊中的摩擦叠焊通过逐个填充沿裂纹钻的孔，可用于对海洋平台导管架裂纹的维修。激光焊作为一种高质量的焊接方法，主要应用是在很多场合替换钨极气体保护焊，在水下焊接中，则主要用于核电站压水反应堆压力容器及乏燃料水池的维修，通过对焊接热输入的精确控制，形成高质量的不锈钢焊缝。

1.3.2　水下焊接环境营造

进行水下焊接时，根据焊接环境可分为干式高压焊接、局部干式焊接、直接水下焊接，采用何种方式既要考虑水下结构物、水深等因素，也要进行技术和成本的综合考虑。直接水下焊接不需要营造环境，焊接直接在水中进行，主要包括焊条焊、药芯焊丝焊接，此外也包括摩擦螺柱焊、摩擦叠焊。

干式高压焊接采用大型干式舱，将人员及机器人等设备整体置于干式高压环境中，完全排除了水对焊接的影响，焊缝质量优良，此外机器人等设备也不需要考虑水的影响。但是，干式高压焊接除大型干式舱的成本较高外，通常只用于海底管道维修。大型干式舱用于海洋平台维修，舱的结构相当复杂，是多个舱体，甚至是刚性舱体、柔性舱体的集成应用。如果对水下船体进行干式高压焊接切割，那么高压焊接舱应适应船体轮廓曲面。此外，船体与管件相比，需要解决高压焊接舱的连接和锚固问题。大型干式舱的另一个突出缺点是没有自航能力，吊装、就位困难。

局部干式焊接采用仅包裹焊枪的气罩，而人员及机器人等设备位于水中，只有焊接区域是相对干式的环境。局部干式存在的技术短板：一是要求机器人能够直接用于水下，二是焊接区域的残留水分会造成焊缝金属的氢致裂纹，附近海水的快速冷却也会造成焊缝金属的微裂纹，所以需要对焊接区域的湿度进行监测，对气罩尺寸和焊接工艺参数等进行优化，从而获得高质量焊缝。局部干式焊接的突出优点是可以适应海底管道、平台结构、船体等各种目标对象，还节约了大型干式舱的设备成本、工期投入，对于救助打捞及检修具有突出的综合优势。

1.4　水深对焊接技术和潜水技术选择的影响

1.4.1　水深对焊接技术的影响

几乎所有的焊接方法都可以用于水下，但焊接方法的最终确定需要综合考虑多种因素，首先是水深的影响，大致可以根据表 1-1 进行潜水技术和焊接方法的选择。

表 1-1　水深对潜水技术和焊接方法的影响

水深/m	潜水技术	焊接方法
50	空气潜水极限	人工焊接作业
180	挪威危险极限	
300	混合气体饱和潜水	
400		TIG 焊接系统
500	饱和潜水极限	TIG 焊接极限
600	无潜水员系统	MIG 焊接、等离子弧焊 PAW
1000		

注：TIG（tungsten inert gas welding）为钨极惰性气体保护焊；MIG（metal inert gas welding）熔化极气体保护电弧焊；PAW（plasma arc welding）等离子弧焊。

50m 以内的水深，可以通过人工采用焊条焊、药芯焊丝焊接来实现。钨极气体保护焊 TIG 通常用于海底管道干式高压焊接维修，虽然可以用于相当深的水深，但当水深超过 300m，也就是焊接舱内压力超过 3MPa 时，焊接过程的稳定性、焊接效率均显著降低。熔化极气体保护电弧焊 MIG、等离子弧焊 PAW 可用于超高压力。英国克利夫兰大学成功焊接了 25MPa，即相当于 2500m 水深的 MIG 焊缝，以及 16MPa 即相当于 1600m 水深的 PAW 焊缝。

对于电弧焊而言，除了焊接方法对水深的适应性，还有三个基本问题需要考虑。一是需要研制高性能的焊接电源，不仅要求能够提供额外的弧压、补偿高密度气体带走的电弧热量，而且应该具有优良的控制性能。二是焊接电源布置，如果焊接电源布置在船上，假定水深为 400m，即焊接电缆长度为 400m 时，此时焊接电流为 300A 就会造成 30V 的电压损失，为此可以考虑用耐压壳体将焊接电源密封并布置在水下，如图 1-2 所示。三是焊接电源引弧方式，既能够在高压环境中引弧，而且引弧过程应该是安全的，例如，以钨极气体保护焊 TIG 为例，为了避免电磁辐射对焊接舱内人员、设备的影响，可以采用接触引弧而不是高频引弧。

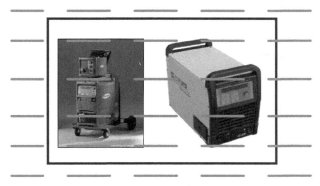

图 1-2　电源耐压壳体密封

1.4.2　水深对潜水技术的影响

1. 潜水作业减压病与减压表

潜水员长期暴露于水下焊接舱等高压环境中，当潜水员回到常压环境就会出现一些生理问题。这些生理问题最终可能造成残疾甚至死亡，人们称为减压病。

减压病是因在高压条件下将过量的氮吸收到血液里，当回到常压状态时，随着环境压力的降低，从血液中溢出的氮形成泡沫并聚集在人体的主要关节或心脏而造成的。解决这一问题的办法是通过控制压力释放的速率使血液中过量的氮经过呼吸排出。在此基础上，人们绘制了减压表，列出在水面上减压时，为了避免减压病需要的时间和压力与潜水深度及潜水时间之间的函数关系。

2. 空气潜水极限

潜水员呼吸压缩空气开展潜水作业存在的问题是：随着潜水深度的增加，人会出现氮的麻醉效应，后果是潜水员可能会失去方向感，出现类似醉酒的行为方式，从而造成致命事故。为了避免这一问题，空气潜水操作被限制在小于 100m 的水深内。在现代海洋潜水作业中，由于潜水的持续时间长，并且每天都要进行，故空气潜水作业通常被限制在 50m 水深以内。

3. 混合气体潜水

为了克服因氮气引发的潜水员麻醉问题，1927 年初步进行的试验要求潜水员在潜水过程中呼吸一种氦氧混合气体。该试验表明，若该混合气体中的氧气分压保持在 0.05MPa，则潜水员可以呼吸该混合气体进行有效作业。

4. 挪威危险极限

20 世纪 90 年代初，考虑深水潜水对身体的长期影响，挪威政府宣布水深超过 180m 的潜水作业均是具有严重危害的活动。挪威工业界的长期目标是一旦技术可行则完全取消人工潜水作业，他们还对一些有助于实现该目标的研究项目予以资助。

5. 饱和潜水

虽然呼吸氦氧混合气体可以使处于 100m 水深甚至更深水域的潜水员进行有效的工作，但从作业水深处返回水面所需要的减压时间和次数使潜水作业的整体效率降低。

20 世纪 50 年代，与最初常规潜水截然不同的饱和式潜水技术得到发展。该系统的潜水作业船甲板由多个不同功能的压力舱组成，其中生活舱可以让潜水员在一定的高压环境中生活长达数周。潜水作业开始前，潜水小组进入主工作压力舱，并将该舱压力加至与潜水作业所需水深相当的压力。然后，潜水员进入与主工作压力舱对接的潜水钟，并将潜水钟与主工作压力舱解脱后从潜水作业船边下放入水，当潜水钟下放到达作业深度且潜水钟内外压力相同后，潜水员打开舱门进入工作现场。潜水员的返回程序则与之相反。为了保持潜水活动的连续性，一般将一支潜水队分为两个或三个工作小组，当一个小组返回后，另一个小组再开始进入工作现场。

在饱和潜水的整个过程中，要求潜水监督和在潜水作业船甲板上的系统操作专家不间断地监督潜水活动，及时调整和控制各压力舱和潜水钟的工作环境条件，包括清除 CO_2、添加氧气以补偿潜水员的耗氧量、保持合适的温度和湿度等。全部潜水活动结束后，减压要以受控速率按预定减压程序进行，潜水员要在压力舱中度过一个较长的减压过程，从 250～300m 水深处减压至常压状态通常需要几天。饱和潜水极限是 500m。

在饱和潜水作业中，潜水员穿着"干式"潜水服，这种潜水服具有绝缘和防水性能，还能够通过加热为潜水员的身体保温。潜水服在颈部配备锁紧环，用以连接刚性头盔。潜水员的呼吸气体与热量供应及通信都是通过连接潜水员头盔和潜水钟的一根"脐带"来实现的。与此同时，潜水员的背挎式气瓶作为安全储备，以防止"脐带"故障。

高压氦氧混合气体比常压空气导热快，因此与潜水员有关的温度控制、热量损失等问题也需要进行专门研究。为了将热量损失控制在可以接受的程度以避免潜水员体温下降，潜水钟内的温度通常保持在 30℃左右。潜水时，潜水员的呼吸气体也必须预热到规定温度，长时间潜水作业时还要对潜水服进行加温。

6. 无潜水员系统

对于 600m 甚至更深的水深，需要采用无潜水员系统。无潜水员系统中的重要设备之一是远程控制运载器，即 ROV。这是一种通过水面控制的无人运载工具，由多个电动或液动推进器提供航行动力和本体的升降，在 ROV 上配备的摄像和其他传感系统向水面控制者提供水下的各种信息。

　　ROV 上装备的机械手系统缺乏直接进行大多数焊接操作需要的灵活性，而且大多数水下摄像系统并不能提供高质量图像以保证对熔池进行有效控制。为此，一个重要的发展方向是引入焊接机器人，通过与 ROV、焊接舱等设备的集成，建立无潜水员水下焊接自动化系统。

1.5　水下焊接与切割安全措施

　　1. 作业区域调查

　　调查作业区气象、水深、水温、流速等环境情况。当水面风力小于 6 级且作业点水流流速小于 0.1～0.3m/s 时，方可进行作业。

　　2. 焊割件调查

　　水下焊割前应查明被焊割件的性质和结构特点，弄清作业对象是否存有易燃、易爆和有毒物质。对可能坠落、倒塌的物体应进行适当固定，尤其在水下切割时应特别注意，防止砸伤或损伤供气管及电缆。

　　3. 设备检查与整理

　　下潜前，在水上应对焊割设备及工具、潜水装具、供气管和电缆、通信联络工具等的绝缘、水密、工艺性能进行检查试验。氧气胶管要用 1.5 倍工作压力的蒸汽或热水清洗，胶管内外不得黏附油脂。气管与电缆应每隔 0.5m 捆扎牢固，以免相互绞缠。入水下潜后，应及时整理好供气管、电缆和信号绳等，使其处于安全位置，以免损坏。

　　4. 防火防毒

　　在作业点上方半径相当于水深的区域内，不得同时进行其他作业。因水下操作过程中会有未燃尽气体或有毒气体逸出并上浮至水面，所以水上人员应配有防火准备措施，并应将供气泵置于上风处，以防着火或水下人员吸入有毒气体而中毒。

　　5. 作业地点安全处理

　　操作前，操作人员应对作业地点进行安全处理，移去周围的障碍物。水下焊割不得悬浮在水中作业，应事先安装操作平台，或者在物件上选择安全的操作位置，从而避免使自身、潜水装具、供气管和电缆等处于熔渣喷溅或流动的范围内。

6. 通信

潜水焊割人员与水面支持人员之间要配备通信装置，当一切准备工作就绪并取得支持人员同意后，潜水焊割人员方可开始作业。

7. 资质与认证

从事水下焊接与切割工作的人员，必须经过专门培训并持有此类工作许可证。他们使用的焊接工艺必须经过事先评定。

第 2 章 水下焊接主要应用场合
及其结构物、材料与标准

2.1 水下焊接主要应用场合

水下焊接与切割用于"涉水"场合的结构物维修，在海上采油平台、海底油气管道、船舶、水下钢结构桥墩、核电站反应堆压力容器和乏燃料水池、隧道盾构机刀盘刀具的施工及海上救助打捞中，已经成为不可缺少的关键技术。

2.1.1 海上油气生产设施

中研研究院研究出版的《2020—2025 年中国海洋油气行业市场环境与投资趋势分析报告》提供的数据表明：2021 年全球油气市场规模达 5.87 万亿美元，到 2025 年将增至 7.43 万亿美元，年复合增长率为 6%。石油和天然气行业正在发展循环经济以提高其运营的可持续性，并帮助应对气候变化。到 2030 年，循环经济将提供超过 4.5 万亿美元的市场机会。海洋油气产业发展得很快，产量逐年增加，20 世纪 60 年代的产量仅占世界石油总产量的 15%，到 1992 年产量已达 9 亿 t，占世界石油产量的 30%，预计 21 世纪将达 50% 以上[8]。

如图 2-1 所示，海上油气生产设施由三部分构成，即水下生产系统、海洋石油生产设施(简称海上生产平台)及用于连接二者的海底管道、立管。水下生产系统包括水下井口、水下采油树、管汇系统、水下处理设施、生产控制与监视系统、化学药剂注入系统、脐带缆、海底管道、立管及水下采油树干涉系统。海洋石油生产设施是海洋石油开发的核心，目前先进的海洋石油生产设施具有油气处理、储存、注水注气和转运等功能。按照海洋水深的变化，海洋石油生产设施可分为固定式和浮式两大类。其中，浮式生产系统又可分为半潜式生产系统和油轮式生产系统。固定式采油平台是使采油平台与海底形成永久固定不动的装置，以建立与陆地相似的钻井、完井和采油作业条件。这类平台的结构与水深、地理条件和环境条件有关。固定式平台系统包括油气生产处理设施、生活模块、动力模块、公用模块、钻机模块等。一般情况下油气经平台处理后通过海底输油气管线输送到陆上天然气处理厂、原油中转站或原油经储油轮外输、天然气经加工成 LNG、CNG 外输。浮式生产系统是 20 世纪 70 年代发展起来的。主要开采方式是原油经平台处理后储存于 FSO(浮式储卸油轮)上，再由穿梭油轮输送到原油中转站；生产的天然气经海底输气管线输送至陆上天然气处理厂。在许多海域，浮式生产系统越来越趋向于多井位、多油田开发，并作为油气开发生产的枢纽。

图 2-1　海上油气生产设施的构成

2.1.2　核电站设施

　　核电站用的燃料是铀，用铀制成的核燃料在"反应堆"的设备内发生裂变产生大量热能，再用处于高压的水把热能带出，在蒸汽发生器内产生蒸汽，蒸汽推动汽轮机带动发电机一起旋转，这样电就源源不断地产生出来并通过电网送到四面八方。反应堆是核电站的关键设备，链式裂变反应就在其中进行。将原子核裂变释放的核能转换成热能再转变为电能的系统和设施，通常称为核电站。世界上核电站常用的反应堆有轻水堆、重水堆和改进型气冷堆及快堆等，但使用最广泛的是轻水堆。按产生蒸汽的过程不同，轻水堆可分成沸水堆核电站和压水堆核电站两类。压水堆以普通水作冷却剂和慢化剂，它是在军用堆的基础上发展起来的最成熟、最成功的动力堆堆型。压水堆核电站占全世界核电总容量的 60%以上。

　　世界上运用核电站数量排前几位的国家是美国、法国、中国、俄罗斯及日本，这几个国家的核电技术都有自己的特点。美国的核电技术是最先进的，以西屋电气的 AP1000 和通用电气技术为代表，法国和俄罗斯也分别都有自己的代表堆型。现在用于原子能发电站的反应堆中，压水堆是最具竞争力的堆型，约占 61%。俄罗斯比较先进的代表堆型中国几乎全部都引进了，秦山三期核电站使用的是加拿大的重水堆。福清核电站建设运用的是中方的代表堆，这是中方首次推出的堆型——"华龙一号"，"华龙一号"是中核 ACP1000 及中广核 ACPR1000 两种技术的融合。国际原子能机构预计，到 2030 年，全球运行的核电站可能在目前的基础上增加约 300 座。

　　核电站设施中需要进行水下检修的主要是压水堆压力容器及乏燃料棒存储水

池。为了使反应堆内温度很高的冷却水保持液态，反应堆在高压（水压约为 15.5MPa）下运行，所以叫压水堆，图 2-2 是反应堆压力容器。用价格低廉、到处可得的普通水作慢化剂和冷却剂，并在其中加入少量硼酸，用于控制中子的反应性。反应堆压力容器本体及其内部构件损伤后，需要在水下进行维修。美国是拥有核电站数量最多的国家，也是核电站水下检修技术研究和应用的领先国家。对于焊接维修承包商而言，要求其具备良好记录的水下焊接经验、高压试验设备和焊工认证体系，美国水下建设公司建造有核电站水下维修模拟水罐，模拟水深 95ft（1ft=30.48cm）。图 2-3 是模拟水罐，图 2-4 是乏燃料棒存储水池水下焊接训练，图 2-5 是核电站现场维修时对潜水焊工进行辐射监测[9]。

图 2-2　反应堆压力容器

图 2-3　模拟水罐

图 2-4　乏燃料棒存储水池水下焊接训练

图 2-5　辐射监测

2.1.3　隧道盾构机

随着社会经济的发展，地面交通压力的增大，建设工程开始向地下发展，地下公路、铁路隧道开始被大量修建,而隧道掘进机(tunnel boring machine,TBM)以其施工机械化程度高、施工速度快、施工成本低等特点,被越来越多地应用于各类隧道开挖,隧道掘进机在很多时候又称为盾构机。隧道作业的主要挑战来自高压地下水。为了防止地下水大量渗漏、确保掌子面稳定并能提供刀盘维保通道,盾构机需要具备压力平衡能力。土压平衡盾构通过刀盘舱内的实土压力来平衡环境水压,而泥水平衡盾构通过刀盘舱内的泥浆压力来平衡环境水压。

隧道挖掘的环境条件相当复杂。以北京地下直径线为例,该线由北京站至北京西站,全长9151m,隧道全长7230m,其中5175m盾构隧道采用ϕ12m的气垫加压泥水平衡盾构施工,盾构机长58m,主机如图2-6所示。北京地下直径线位于地铁二号线、四号线的下面,属于第三层地下空间,深度处于–30m以下,存在突出的地下水问题,最大水土压力为0.3MPa,相当于30m水深压力,只有采用压力平衡机制平衡水土压力才能进行掘进作业。北京地下直径线所处地层复杂,隧道主要穿越的地层以卵石土、圆砾、中砂、粗砂为主,存在粒径大于0.6m的大粒径卵石,胶结岩石层的抗压强度大于30MPa,卵石-黏土严重软硬不均,还存在地下障碍物,这些不仅降低了刀具掘进效率,而且对刀具刀盘将造成严重的磨损。刀具刀盘损伤后,需要作业人员在压力环境下进行维修,图2-7是盾构机刀具打捞现场。

图 2-6　盾构机主机　　　　　　　　图 2-7　盾构机刀具打捞

2.2　水下焊接维修结构物及其材料

2.2.1　海上油气生产设施水下焊接维修结构物及其材料

1. 海上生产平台

1)导管架式平台

导管架式平台是一种钢质固定式平台,与重力式平台相比,导管架式平台的结构同样巨大，但重量要轻得多，通常超大型平台的重量约有几万吨。导管架式平台主要由导管架、桩和上部模块组成，其基本构造形式是由低合金钢管组成的大型钢结构。导管架是一个钢质桁架结构，由若干大口径、厚壁的低合金钢管焊接组成。其主要立柱可作为打桩的导向管，因此在海洋工程行业中也称为导管架。导管架结构的尺寸和规模一般应由上部模块的需要和工作水深等海洋环境条件决定。在导管架各腿之间有许多水平杆件、斜杆件，杆件在立柱处连接，这些复杂的连接点也称为"节点"，这些水平杆件和斜杆件通过节点传递荷载并加强导管架的整体强度。桩是大口径的厚壁钢管，用来将导管架固定在海底，根据打入方式和固定形式又可分为主桩和裙桩。

导管架式平台由于许多原因需要改造或修复，例如，海洋结构物有关规范的修改可能需要在平台上增加一些加强性或保护性结构，一些生产需要增加输送管道、生产设备等额外装备以实现将现有平台作为其他海底油井的生产平台。另外，供应船舶的碰撞、平台上的坠落物体、难以预料的恶劣天气、海洋生物、疲劳和腐蚀等都可能引起结构物的损伤。图 2-8 是由海上船只撞击所致结构发生严重变形，图 2-9 是疲劳所致结构断裂。

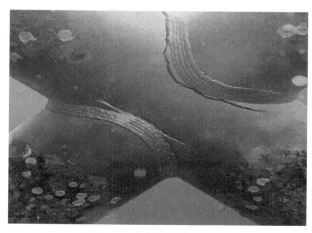

图 2-8　船只撞击所致结构变形　　　　图 2-9　疲劳所致结构断裂

平台结构用钢材分为 I 类钢（一般强度结构钢）、II 类钢（中强度钢）和 III 类钢（高强度淬火回火钢）。一般前两类钢相当于船体结构钢中的一般强度优质碳素钢和低合金高强度钢，约占平台结构用钢的 90%；III 类钢主要用于平台结构承受主要载荷的重要构件，如平台甲板、自升式平台桩腿、导管架平台的导管等，约占平台结构用钢的 10%。为了确保平台安全可靠地工作，对所用钢材提出了比船体结构用钢更高的要求，涉及强度、冲击韧性、可焊性、抗层状撕裂、抗腐蚀疲劳等方面。

2) TLP 平台

TLP 平台即张力腿平台，其设计最主要的思想是使平台半顺应半刚性。它通过自身的结构形式，产生远大于结构自重的浮力，浮力除抵消自重外，剩余部分

图 2-10　TLP 平台

称为剩余浮力，这部分剩余浮力与预张力平衡。预张力作用在张力腿平台的垂直张力腿系统上，使张力腿时刻处于受张拉的绷紧状态，如图 2-10 所示。较大的张力腿预张力使平台平面外的运动（横摇、纵摇和垂荡）较小，近似于刚性。张力腿将平台和海底固接在一起，为生产提供了一个相对平稳安全的工作环境。另外，张力腿平台本体主要是直立浮筒结构，一般浮筒所受波浪力的水平方向分力较垂直方向分力大，因而通过张力腿在平面内的柔性可实现平台平面内的运动（纵荡、横荡和首摇），即顺应式。这样，较大的环境载荷就能够通过惯性力来平衡，而不需要通过结构内力来平衡。张力腿平台的结构形式使结构具有良好的运动性能。

3) Spar 平台

Spar 的含义是圆形材料，如桅、桁等，Spar 平台即单柱式平台。随着人类开发海洋的步伐逐渐迈向深海海域，涌现出了很多新型的浮式海洋平台，Spar 平台就是其中之一。Spar 平台也属于顺应式平台的范畴。实际上，Spar 平台技术应用于人类海洋开发的历史已经超过 30 年了，但 1987 年前，在人类开发海洋的工作中，Spar 平台一向是作为辅助系统使用而不是直接生产系统。它们被用作浮标、海洋科研站或海上通信中转站，有时还作为海上装卸和仓储中心使用。

早期建造的 Spar 平台的结构和当前深海油气开发使用的 Spar 平台相比还是有所区别的，但通过对早期的 Spar 平台进行观测，各国研究者收集了大量数据，为现代 Spar 平台的诞生和发展打下了坚实的基础。1987 年，Edward E. Horton 设计了一种专用于深海钻探和采油工作的 Spar 平台，其结构形式特别适合深水作业环境。Horton 设计的 Spar 平台被公认为现代 Spar 生产平台的鼻祖。20 世纪 80 年代以来，Spar 平台广泛应用于人类开发深海的事业中，担负了钻探、生产、海上原油处理、石油储藏和装卸等各种工作。它被很多石油公司视为下一代深水平台的发展方向。

Spar 平台因其经济性和稳定性优于其他浮式平台，在短暂的二十几年的发展中，已经开发出三代类型，分别为经典式（classic Spar）、桁架式（truss Spar）和多柱式（cell Spar），如图 2-11 所示。

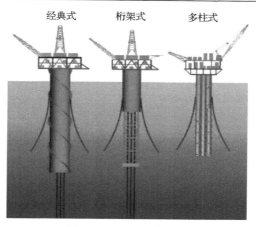

图 2-11　Spar 平台类型

2. 海底管道和海洋立管

1) 海底管道

目前，从海上油气田将石油和天然气输送到岸上的主要方式仍然是海底管道，包括油田内部的集输管道和输水管道等。世界上现有海底管道中的几千公里埋设在北海海底，上万条管道是通过国际合作建造的，管道的直径范围从 300mm～1m，壁厚达到 30mm。海底管道的尺寸和结构形式需要根据输送介质的特性和输送要求及环境条件和安装方法来确定，海底管道的结构形式主要有两种：单层保温管和双层保温管，如图 2-12 所示。单层保温管最简单，在钢管外壁有一层防腐涂层。对于管径较大的管道，为了克服海水浮力并保证海底管道在海底的稳定性，

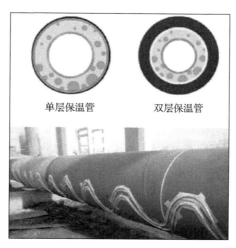

图 2-12　海底管道结构形式

通常还要在管道防腐涂层外再涂装一层混凝土配重层，以加大海底管道在海底的负浮力。管中管结构比较复杂，位于中心的管道是介质输送管，在输送管的外面再套上一层钢管作为保护管，在管与管之间填充保温材料，如聚乙烯泡沫。防腐涂层涂装在外层保护管的外壁。管中管主要用于输送高黏度原油和特殊介质，一般情况下不需要加装混凝土配重层。

海底管道的铺设方法有多种，如图 2-13 所示，其中 S Lay、J Lay 和 Reeling 分别是"S"形铺管法、"J"形铺管法和卷筒铺管法，从管道接头连接的角度而言，其特点分别是两根标准长度管子岸上焊接、四根标准长度管子岸上焊接、全部管子岸上焊接。小直径管道铺设比较方便，可以在陆地预制成数公里管段，传送并卷到铺管船的大型卷管滚筒上，在海上则类似于布设电缆一样铺设管道。对于大直径管道通常采用铺管船法进行铺设，一般情况使用"S"形铺管法，当作业水深超过一定深度时则需要使用"J"形铺管法。采用"S"形铺管法时，铺管作业线上有若干个工作站管子从对中站进入作业线后随着向船艉移动，依次完成组对、封底焊接、填充焊接、表面焊接、无损检验和防腐处理等工序，最终形成完整的管道，并通过连接在船艉的托管架铺设至海底。对于焊接而言，"S"形铺管法是从 12 点钟位置到 6 点钟位置的全位置焊接，如图 2-14 所示。采用"J"形铺管法时，只有一个焊接工作站，是无衬垫横向焊接，如图 2-15 所示，该方法通过提前将 12m 长的标准管子连接成 48m 甚至更长的管段来满足铺管效率的需要。

管道出现故障需要修补的原因有很多，例如，管道铺设时的应力作用会恶化材料本身的缺陷和铺管过程中的焊接缺陷，拖网捕鱼、船舶抛锚、内外腐蚀和海底冲刷造成的悬跨都会损伤管道。图 2-16 是船舶起锚拖断海底供水管道，图 2-17 是有缝钢管焊缝腐蚀开裂。

图 2-13　海底管道铺设方法

图 2-14　"S"形铺管法自动焊接

图 2-15　"J"形铺管法自动焊接

图 2-16　船舶起锚拖断海底供水管道

图 2-17　有缝钢管焊缝腐蚀开裂

图片来源：https://www.msa.gov.cn/public/documents/
document/mdg1/mzuz/~edisp/20200526085353123.pdf.

　　海底管道的类型主要有三种。第一种是无缝钢管，一般用在小直径、有特殊要求的海底管盘。第二种是直缝埋弧焊钢管，直径一般在 16in（1in=2.54cm）以上，最大可达 56in。第三种是直缝高频电阻焊钢管，随着钢管焊接质量的提高和市场价格的降低，该类管子已经越来越多地用于 20 英寸以上的海底管道。海底管道的标准管材是由钢管厂按定单生产的，根据美国石油协会（API）的标准，管材的出厂长度为 40ft（12m），管子直径允许公差为±1%，椭圆度允许公差为 1%。以一种直径为 1m 的管道为例，实际直径可能与公称直径相差30mm，相当于典型的管壁厚度。由于管道的直径和椭圆度并不理想，所以在组对管道之前需要使用机械设备调整管道的椭圆度。这种情况在陆地和铺管船上进行处理还是比较方便的，但对以后的水下修复作业将带来困难。

　　海管材质的不同决定了海管的生产成本、抗侵蚀能力、重力要求及在焊接时的性能。目前一般采用管线钢，API 5L X56 及以上。目前，国外海底管道工程中非酸性环境下应用的最高钢级为 X70，酸性环境下应用管材的最高钢级为 X65，钢管壁厚最大为 41mm，D/t 最小为 15.8。目前，我国海底管道建设中普遍应用的是 X65 钢管，X70 钢管的应用较少。在钢管壁厚方面，南海—荔湾输气管道工程项目中 X70 钢管的最大壁厚为 31.8mm。

2）海洋立管

立管是处于垂直状态的管道，是连接海底平管与海上的生产设施。浅水区的立管都是将钢管固定在平台的桩腿上，如图 2-18 所示。深水区立管通常以自由状态立于水中，如顶部预张力立管、钢悬链立管、柔性立管、塔式立管等，如图 2-19 所示。

图 2-18　浅水区立管　　　　　　　　　图 2-19　深水区立管

立管的绝大部分采用与海底管道相同的材料，但在载荷条件严苛的部分采用特殊材料。图 2-20 是钢悬链立管，平台悬挂段承受风浪流及平台的运动及海床接触段与土壤的交互作用，因此采用钛合金，图 2-21 是采用钛合金的立管悬挂应力节点结构。钛合金焊接采用 TIG 焊接，焊接完毕需进行打磨，焊缝可以通过很多

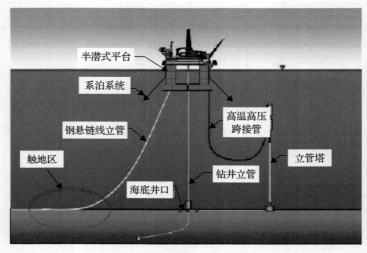

图 2-20　钢悬链立管关键部位

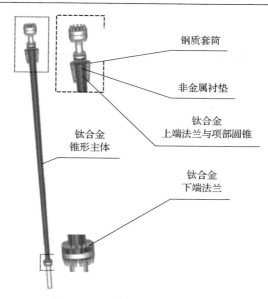

图 2-21　立管悬挂应力节点结构

传统方法进行检查，但不能采用磁粉，因为钛没有磁性。目前，采用钛合金焊接的经验很少，推荐做法是任何承包商必须对焊接程序和焊工进行评定，包括焊后的应力释放。除非有数据可以证明承包商声明的疲劳性能，否则要求对钛合金焊接件进行疲劳评定。

3. 水下生产设备

根据油气田开发要求的不同，水下生产系统的各组成部分也略有不同，传统意义上的水下生产系统包括水下井口、水下采油树、管汇系统、水下处理设施、生产控制与监视系统、化学药剂注入系统、脐带缆、海底管道、立管及水下采油树干涉系统，其中水下处理设施包括分离装置、泵、压缩机及相关电力动力分配系统。

1) 水下采油树

水下采油树系统是水下生产系统的核心设备，主要包括水下采油树、水下油管挂和水下控制系统。其中水下采油树本体如图 2-22 所示[10]，其主要功能是对生产的油气或注入储层的水/气进行流量控制，监测生产压力、环空压力、温度、地层出砂量及含水量等油气井参数；向井筒注入化学药剂以改善流体流动性能，提供测试和修井期间进入油气井筒的通道；支撑油管柱并密封井下油管和生产套管之间的环形空间，同时和水下井口系统共同构成井下储层与环境之间的隔离屏障。

图 2-22　水下采油树与水下管道终端

2) 管汇系统

　　水下中心管汇如图 2-23 所示，它是水下生产系统中油、气生产的汇集和分配中心，承担着将深海油气汇集起来输送至海上平台，并向各个井口分配流体进行注水、注气、注化学药剂的重要作用，能够优化海底生产设施的布局，减少管线的使用数量，是水下生产系统的一个重要组成部分。

　　水下管道终端是水下生产系统的重要组成部分，主要用于油田内海底管道与水下生产设施（如水下采油树、水下管汇等）之间的连接。通常情况下，其一端直接与海底管道连接，另一端通过跨接管连接到水下生产设施。图 2-23 的水下管道终端可实现海底管道与水下采油树之间的连接。

　　水下跨接管用于连接采油树和管汇，如图 2-24 所示。跨接管主要分为刚性跨

图 2-23　中心管汇与管道终端

图 2-24　跨接管

接管和柔性跨接管。刚性跨接管适用于承受位移作用较小的两个水下设施之间的连接，主要有"M"和"U"两种形式，与柔性管连接相比刚性跨接管的价格便宜，安装方便、快捷，但刚性跨接安装时要求定位精度和测量精度较高。挠性跨接管适用于承受位移作用较大的两个水下设施之间的连接。与刚性跨接管连接相比，挠性跨接安装时要求定位精度和测量精度不用太高，但挠性跨接管的价格较高，安装时易受海流影响而出现缠绕。

除了铁素体、奥氏体不锈钢，双相不锈钢在水下生产设备中也得到了广泛应用，如水下管汇管道系统、水下流体输送管线系统、脐带内部钢质管线等。图 2-25 是服役 4 年后的海底基盘，其双相不锈钢产生了氢致应力裂纹。

国际上普遍采用的铁素体-奥氏体双相不锈钢分为 Cr18 型、Cr23 型、Cr22 型、Cr25 型四类。与 Cr18 型双相钢相比，Cr22 型双相钢的 Cr 含量较高，Si 含量较低，而且 N 含量明显提高，所以其耐均匀腐蚀性能、抗点蚀能力及抗应力腐蚀性能均优于 Cr18 型双相钢，也优于 316 类型的奥氏体不锈钢。Cr22 型双相钢通常在焊前不预热，焊后不进行热处理，焊接热输入控制在 10～25kJ/cm，层间温度控制在 150℃以下，TIG 焊的焊接材料可采用 Cr22-Ni9-Mo3 型超低碳焊丝，要求严格控制焊接材料及焊接过程中氢的来源。图 2-26 是双相不锈钢氢致应力裂纹。

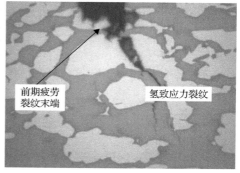

图 2-25　海底基盘氢致应力裂纹　　　　图 2-26　双相不锈钢氢致应力裂纹

2.2.2　核电站设施水下焊接维修结构物及其材料

1. 压水堆压力容器及其内部构件

压水堆压力容器及其内部构件如图 2-27 所示，它是包含堆芯核燃料、控制部件、堆内构件和反应堆冷却剂的钢制承压容器，是一次冷却剂系统的重要设备。压水堆压力容器是核电站中的重型设备，它的质量大和外形尺寸均较大。例如，对于电功率为 1000MW 的核电站，其高约 13m，内径为 4～5m，壁厚为 24cm，

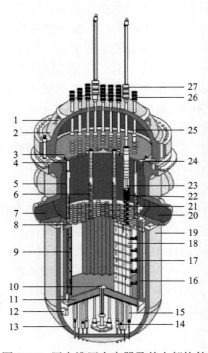

图 2-27　压水堆压力容器及其内部构件

1-吊装耳环；2-压力壳顶盖；3-导向管支承板；4-内部支承凸缘；5-堆芯吊篮；6-上支承柱；7-进口接管；8-堆芯
上栅格板；9-围板；10-进出孔；11-堆芯下栅格；12-径向支承件；13-压力壳底封头；14-仪表引线管；15-堆芯支
承柱；16-热屏蔽；17-围板；18-燃料组件；19-反应堆压力壳；20-出口接管；21-控制棒束；22-控制棒导向管；
23-控制棒驱动杆；24-压紧弹簧；25-隔热套筒；26-仪表引线管进口；27-控制棒驱动机构

质量为 400～500t。压水堆压力容器由筒体、顶盖、接管、O 形环及螺栓螺母等部件组成。压水堆压力容器采用锰-钼-镍系列低合金钢作为母材，内壁和冷却剂接触处均堆焊 3～6mm 厚的不锈钢或镍基合金衬里。

镍基耐蚀合金是以镍为基体，并在一些介质中能耐腐蚀的合金。镍基耐蚀合金在水下生产系统、核电站中得到了重要应用。例如，625 合金用于井口及采油树低合金钢的涂覆，718 合金用于井口及采油树阀门内部构件等。625 合金也称为因康镍 625，即 Inconel 625，是 Ni-Cr-Mo 合金，在海水中基本上是不腐蚀的。对于局部腐蚀，高 Cr、Mo 含量使其耐孔蚀和缝隙腐蚀，高 Ni、Mo 含量使其抗应力腐蚀性能优良，高 Ni 含量使其不易产生晶间腐蚀。

镍基耐蚀合金的焊接特点如下。

1) 焊接热裂纹

镍基耐蚀合金具有较高的热裂纹敏感性。

2）焊件清理

焊件表面的清洁性是成功焊接镍基合金的一个重要要求。焊件表面的污染物质主要是表面氧化皮和引起脆化的元素。被压入焊件表面的杂质可用磨削、喷丸或 10%体积比盐酸溶液清洗并用清水洗净。

3）限制热输入

高热输入焊接镍基耐蚀合金会在热影响区产生一定程度的退火和晶粒长大，还有可能产生过度偏析、碳化物沉淀或其他有害的冶金现象，从而引起热裂纹并降低耐蚀性。

4）工艺特性

该合金可改善液态焊缝金属的流动性，镍基耐蚀合金接头的形式与钢不同，其坡口角度更大，也便于使用摆动工艺。焊缝金属熔深浅，接头钝边厚度要薄一些。耐蚀合金一般不需要焊前预热和焊后热处理。但当母材温度低于 15℃时，应将接头两侧 250～300mm 宽的区域加热到 15～20℃，以免湿气冷凝。

2. 乏燃料棒存储水池

堆芯主要由燃料组件和控制棒等组成。燃料组件的组装过程如图 2-28 所示。核燃料是将二氧化铀粉末压缩成圆柱形小块并在高温下烧结，形成高密度的陶瓷核燃料芯块，放置整齐后将其装入一根做核燃料棒的长管子中。核燃料棒由锆合金制成，有好几层防护，非常坚固，能够防止核污染。将很多根燃料棒捆在一起，就组成了燃料组件。

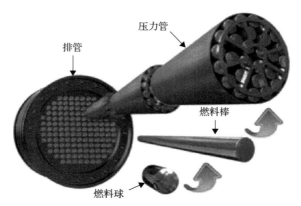

图 2-28　燃料组件的组装过程

核燃料的处理流程如图 2-29 所示。当反应堆"燃烧"到一定程度后，从堆中卸出的核燃料仍有放射性，同时释放大量衰变热，称为乏燃料。通常应先将其妥善储存，待放射性和余热降到一定程度后再进行后续操作与处理。目前，乏燃料储存有湿式和干式两种方式。湿式储存发展较早，技术相对成熟，具有冷却能力高、密集储存和易于操作等特点。

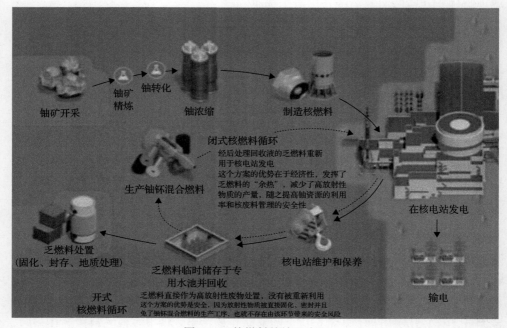

图 2-29　核燃料的处理流程

乏燃料水池用于存放从堆芯中卸出的乏燃料，或者在反应堆检修时存放临时卸出的燃料，换料时要装入的新燃料也在其中暂存。乏燃料仍会产生衰变余热，并且具有放射性，需要放入水中进行冷却和屏蔽。以福岛核电站为例，乏燃料水池的深度为 12m 左右，水面高出燃料顶部 7m 左右，燃料组件高约 4m，该核电站 1 号机组的水池长约 12m，宽约 7m，可存储 900 个乏燃料组件。乏燃料水池依靠其内侧的不锈钢内衬来保持内部的池水，从而安全地储藏从核电站回收的乏燃料。衬板是焊接的，使用的不锈钢材料包括双相不锈钢。

2.2.3　盾构机水下焊接维修结构物及其材料

地铁隧道使用的典型土压平衡式盾构机的参数为总体外形尺寸为 6280mm×75000mm，总质量为 520t，装机总功率为 1744kW，最大掘进速度为 80mm/min，主机结构如图 2-30 所示。

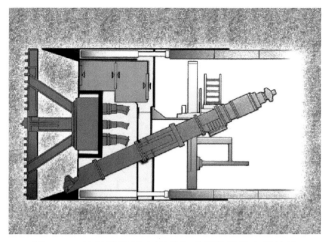

图 2-30　地铁隧道用土压平衡式盾构机的主机结构

1. 刀盘

刀盘是盾构机的核心部件，其结构形式、强度和整体刚度都直接影响着施工掘进的速度和成本。若其出现故障，维修处理困难。不同的地质情况和不同的制造厂家，其刀盘结构也不相同。

某土压盾构软岩刀盘的结构如图 2-31 所示，大致参数为外形尺寸 Φ6130mm（刀圈外经）×1410mm 总厚（刀盘厚 580mm），

刀盘质量为 5.7t，开口率为 28%，超挖刀行程为 50mm，刀盘转速为 0~6.1r/min，最大扭矩为 4500kN·mm，脱困扭矩为 5300kN·mm。刀盘前端面有 8 条辐板、开有 8 个对称的长条孔，其上配有滚刀（齿刀）座、刮刀座和 2 根搅拌棒，刀盘与驱动装置用法兰连接，法兰与刀盘之间靠四根粗大的辐条相连。为了保证刀盘的抗扭强度和整体刚度，刀盘中心部分、辐条和法兰采用整体铸造，周边部分和中心部分采用先拴接后焊接的方式连接。为了保证刀盘在硬岩掘进时的耐磨性，刀盘周边焊有耐磨条，面板上焊有栅格状的 Hardox 耐磨材料。

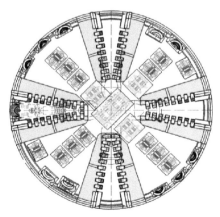

图 2-31　土压盾构软岩刀盘

刀盘制造焊接的工作量很大，通常先焊接中心块、中心刀梁、刀箱、扭腿等部件，然后再将这些部件焊接在一起形成刀盘。以前，此类焊接工作通过手工焊

接，目前正在推广机器人焊接[11]。图 2-32 是双工位中厚板机器人焊接的中心刀梁，图 2-33 是机器人焊接的刀箱[12]。图 2-34 是机器人刀盘立焊工艺试验，图 2-35 是焊接的 150mm 厚度焊缝，K 形 36°坡口，留有 2mm 钝边，双侧焊接。盾构机刀盘机器人立焊试验研究的工艺、焊缝性能等详细情况参见文献[13]。

图 2-32　中厚板机器人焊接中心刀梁

图 2-33　机器人焊接的刀箱

图 2-34　机器人刀盘立焊工艺试验

图 2-35　焊接的 150mm 厚度焊缝

2. 刀具

刀具的结构、材料及其在刀盘上的数量和位置关系直接影响了掘进速度及其使用寿命，不同的地层条件对刀具的结构和配置不相同。刀具种类包括单刃滚刀、双刃滚刀、三刃滚刀（双刃以上的一般都是中心滚刀）、齿刀、切刀、刮刀和方形刀（超挖刀）。为了适应不同的地层，滚刀和齿刀可以互换，所以它们的刀座相同。图 2-31 的土压盾构软岩刀盘的刀具配置为塔形滚刀超挖刀一套，双刃滚刀 4 把，单刃滚刀 31 把，正面齿刀 64 把，边缘齿刀 16 把。

2.3　AWS 水下焊接标准

2.3.1　标准简介

水下焊接刚开始是作为受到损伤的钢壳容器的临时性修复方法，后来发展成可接受的工程结构的建造和修复方法。近期的应用包括海洋结构、海底管线、水下港口设施和核电站设备等工程性修复和更换。

1975 年，美国焊接学会（American Welding Society，AWS）下属的海洋结构委员会（Committee on Marine Construction）要求其水下焊接专业委员会（Subcommittee on Underwater Welding）建立一套与水下焊接有关的、反映技术发展现状的标准。

制定该标准的一个重要原则：对进行水下结构修复的焊接工艺不作限制，陆上广泛应用的屏蔽气体金属电弧焊（GTAW/MIG）、屏蔽气体钨极电弧焊（GTAW/TIG）、药芯焊丝焊接（FCAW）、等离子焊（PAW）、屏蔽金属电弧焊（SMAW/MMA）、激光焊、摩擦焊，无论是熔化焊接还是固相焊接，只要焊接程序符合该标准规定的全部要求，这些工艺都可以采用。该标准的第一版于 1983 年出版，随后的版本于 1989 年和 1993 年出版。

《水下焊接规范 第 6 版》（AWS D3.6M:2017）是该标准的第六版，取代了之前的 AWS D3.6M:2010 版本。AWS D3.6M:2017 是一个国际公认的标准，广泛应用于海洋工程、海上结构维修和改造等领域，该标准的目的是旨在确保水下焊接工作的质量和安全。AWS D3.6M:2017 详细规定了在水下进行结构或者部件焊接的要求，就作业环境而言包括干式环境和湿式环境。

AWS D3.6M:2017 涵盖了 5 种基本的水下焊接作业方法[14]。

1）常压干式焊接

在外部受压容器内进行的焊接，无论具体水深如何，容器内部压力都应降低到与 1atm（1atm=101325Pa）相当的水平。

2）焊室干式焊接

在内部承受环境压力的大型舱内进行的焊接，舱内海水被气体排出，焊工/潜水员不需要潜水装置。

3）干式舱焊接

在内部承受环境压力且底部开口的简单舱内进行的焊接，对舱的最低要求是焊工/潜水员的头部和肩部完全处于潜水装置内。

4）干式罩焊接

在内部承受环境压力且透明充气的封闭罩内进行的焊接，焊工/潜水员完全位于水中。

5）湿式焊接

在环境压力中进行的焊接，焊工/潜水员位于水中，在海水和焊接电弧之间没有任何机械式屏障。

AWS D3.6M:2017 的主要修订内容如下。

（1）清洁要求被更好地定义。

（2）接受对早期版本的 D3.6M 资格的认可。

（3）超声波检查条款第 8 部分已更新，以更好地与《结构焊接规范-钢》（AWS D1.1/D1.1M:2020）中描述的超声波检测技术（ultrasonic testing，UT）保持一致。

（4）样本表格已修订。

（5）添加了 1 个信息性附录，以解决海洋焊接检验员的资格问题。

（6）条款编号进行了重组。

（7）在文件中增加了超声波应力消除。

2.3.2　焊接接头等级划分与设计

水下焊接的熔滴过渡、熔池凝固、焊缝外观、力学性能等可能随压力而变化，焊接行为可能与常规的陆上焊接行为不同，所以必须建立特殊的质量要求体系和检验程序。AWS D3.6M:2017 的目的是希望定义与水下焊接有关的重要参数，描述焊接和检验程序，从而可以方便地制定质量评级工作。AWS D3.6M:2017 规定了三种焊接接头等级：A 级、B 级和 O 级，每种等级都有其特定的应用场景和要求。

1）A 级焊接接头

A 级焊接接头（Class A welds）要求与水面上的焊接接头质量相当，满足水下环境应用和设计应力要求。A 级焊接接头对焊接质量的要求较高，通常用于需要高强度和高可靠性的结构或部件。

2）B 级焊接接头

B 级焊接接头（Class B welds）适用于水下环境中较次要的应用，可以容忍有限的不连续性。这类焊接对焊接质量的要求相对较低，适用于对焊接质量要求不是非常严格的场合。

3）O 级焊接接头

O 级焊接接头（Class O welds）要求必须符合另一个指定的技术标准，并且需要额外的技术文件来满足水下环境对焊接的要求。O 级焊接接头通常用于需要遵循特定行业标准或规范的场合。

水下焊接接头等级规定了接头的工作性能水平及与之相应的一套质量检测要求，例如力学性能测试、外观检测、无损检测等，符合规定等级的焊接接头必须满足规定指标。在任何合同的招投标中，业主指定焊接接头等级及一些附加要求。根据 AWS D3.6M:2017 标准，接头制造时必须按照合格的焊接程序来作业，必须既要符合对所有等级焊接接头的共同要求，又要符合该指定等级焊接接头的特定要求。

第3章 水下湿式焊接与装备

3.1 水下湿式焊接简介

根据实施条件的不同，水下焊接一般分为湿式焊接和干式焊接。湿式焊接不采取特殊的排水措施，焊件的接缝在水湿状态下直接进行焊接，电极、电弧或工件与环境之间没有任何隔离。与陆上结构物相比，当今重要海洋结构物焊接接头的质量级别要求很高，但水下焊接的物理化学和冶金过程却发生在最恶劣的极端严酷环境。这些条件的典型特点是热量散发增强、熔池金属富含氢及环境压力增加。

湿式焊接的研究开发包括冷却速度、氢饱和度、静压力及其他影响焊接过程和接头质量的因素。应该根据钢材的焊接性进行研究，同时有必要研究特殊的焊接材料、焊接方法和焊接程序。此外，还包括作业过程机械化、自动化的基本原则及远程控制监视系统的研发。

基于 20 世纪 50 年代中期的经验积累，手工电弧焊的不足开始暴露。该方法不能保证完整的接头强度，只能达到 60%～70%的水平，焊接速度仍然很低，不超过 2m/h。潜水焊工的技术和素质对焊接质量的影响很大。但是，湿式焊接虽然并不能从根本上解决问题，却也没有被丢弃。直到现在，湿式焊接仍应用于海洋非重要结构物的维修及紧急事件处理。图 3-1 是海洋平台水下钢结构湿式焊接维修，图 3-2 是海底管道湿式焊接维修。

图 3-1　水下钢结构湿式焊接　　　　图 3-2　海底管道湿式焊接

1965 年以来，巴顿电焊研究所（Paton Electric Welding Institute，PWI）对湿式

焊接的研究开发尤其积极。随着时间的推移，巴顿电焊研究所建立了专门的实验室来研究水下金属焊接和切割技术，并取得了突出的研究成果。

1. 湿式焊接材料

巴顿电焊研究所在焊接材料方面的成果主要有能够提供用于 20m 水深 500MPa 抗拉强度低碳钢、低合金钢水下焊接的药芯焊丝，以及用于 60m 水深淡水、海水环境钢材和合金电弧切割的药芯焊丝。在上述条件下，该研究所研制的自保护药芯焊丝能够提供强度级别足够高的焊接接头，而且特别重要的是，焊缝金属的塑性能够满足美国焊接学会与世界一流专家制订的水下焊接 ANSI/AWS-23.6 规范规定的 A 类接头的要求。

巴顿电焊研究所对手工焊接的研究从未停止，其能够提供自行研制的新焊条，并能在任何空间位置进行焊接。不同于现有焊条，新焊条能够为焊缝金属提供足够高的塑性，延伸率稳定在 12%～14%，无论根弯还是面弯，其弯曲角度均可达到 180°。所以，新焊条足以保证焊接接头的质量水平不低于前述规范规定的 B 类接头的要求。

对于水下电弧切割的发展而言，有 3 种药芯焊丝可供选择，并且可以进行商业应用，使用时均不需要在电弧区域额外供氧。

2. 湿式焊接设备

巴顿电焊研究所研制的水下药芯焊丝焊接切割设备是独一无二的，其半自动焊设备的特点是送丝装置完全浸入水中，因而作业时可以尽量地靠近潜水焊工。根据多年使用 A-1660 型设备的经验，潜水焊工对这种设计特点予以高度评价。

本章主要结合巴顿电焊研究所的研究工作，对湿式焊接的物理冶金特性、水下药芯焊丝焊接与切割、水下焊接设备进行介绍。本章从 3.2 节开始引用的图均源于巴顿电焊研究所出版的专著[5]。

3.2　湿式焊接的物理冶金特性

3.2.1　湿式焊接过程的特殊性

对于湿式焊接而言，水与空气物理特征的差异决定了焊接过程的特点。电弧存在的必要条件是电弧周围存在气泡。当焊条接触母材时，电流加热接触区域，此时形成气泡。焊条分解后，电弧在气泡内部燃烧，由焊条涂层分解物、母材与焊条反应物及电弧中水的分解物组成的气体促使气泡增加。由于电弧燃烧，气泡体积增长到临界尺寸，80%～90%的气泡逸出水面，同时形成新的气泡。气泡半径范围从最小到临界状态变化，淡水中为 0.7～1.65cm，盐水中为 0.8～2.3cm。气泡中的气体交换相当密集，其成分通常认为每秒更新 8～10 次。气泡中的氢气含量提高了压力，周围气流的冷却作用增强，从而导致电弧收缩。因为电弧收缩，电流密度达到 11200～14280A/$(s \cdot m^2)$，这是空气中相同半径焊条电流密度的 5～10 倍。熔滴的温度范围则为 2560℃到金属沸点。

气泡气体由 62%～92%（体积分数，下同）的氢气、11%～24%的 CO、4%～6%CO_2、O_2、N_2 和微量气态金属构成。因为电弧气氛的氢含量很高，所以氢脆敏感性非常关键。

焊接区域的冷却速度比空气中 200～300℃/s 的速度平均快 2～3 倍。快速冷却使热影响区的硬度高，淬火、气孔和夹渣使热影响区（heat affected zone, HAZ）的冲击功低，同时存在不好的焊缝外观。

周围水压对热力学、动力学及电弧与熔池之间复杂反应的平衡都有明显影响。水压过大使熔融金属中的气体溶解度增加，所以随着水深增加，水下湿式焊接接头中的氢气和氧气含量增加。因此，深水焊接中气孔和非金属夹渣成为突出问题。

对于水下湿式焊接而言，由于上面所说的原因，要获得和在空气中同样的接头质量是相当困难的。

3.2.2　湿式焊接电弧参数与水深的关系

湿式焊接电弧的持续时间、短路电流频率和熄弧频率随水深增加明显增加，焊接过程的稳定性恶化。观察结果表明，焊接电流的增加与短路电流的数量增加密切相关。把稀有金属加入药芯焊丝能够明显提高电弧的稳定性，短路和熄弧时间大致减少一半。电弧的主要参数与水深之间的关系可以借助物理-数学模型进行理论研究。弧柱温度、弧长、弧柱半径和熔滴半径的变化特征如图 3-3 所示。

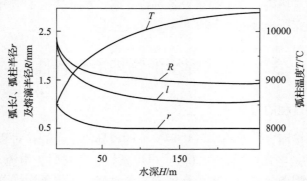

图 3-3　弧柱温度、弧长、弧柱半径及熔滴半径与水深的关系

静特性即电压-电流关系是焊接电弧研究的基本问题，本书采用直径为 4～

6mm 水下焊条 MMA 焊和细实芯焊丝湿式半自动焊开展该项研究。业已证明，水下电弧的电压-电流静特性曲线呈凹型，如图 3-4 所示。图 3-4 中的试验条件是直流反接和淡水环境，长虚线是 4mm 直径电极，短虚线是 6mm 直径电极。在 130～200A，电压 U_a 的最小值与电流相对应，具体数值取决于电极直径和电弧长度。因为电压-电流静特性曲线呈凹形，所以水下电弧比常规条件下的电弧弱。

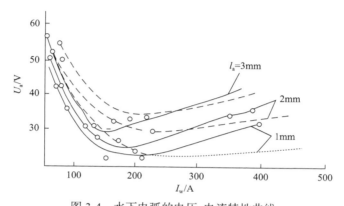

图 3-4　水下电弧的电压-电流特性曲线

3.2.3　湿式焊接焊缝金属扩散氢问题

湿式焊接的最大问题之一是熔池金属与气体的相互作用，特别是熔池金属因 55～60ml/100g 的氢而不可避免地达到饱和状态。为了降低蒸气气泡和熔敷金属中氢的含量，或者部分中和其有害影响，可以采取四种方法：一是给药芯焊丝或焊条表皮增加有效成分，通过其他气体稀释气泡、降低氢气分压；二是采用特殊的屏蔽气体；三是改变焊接参数，如电流、电压、电弧长度等；四是采用对氢饱和几乎不敏感的耗材，形成焊接接头。

在湿式焊接中，降低氢气分压有两种方法：一是在耗材熔融过程中，形成电弧环境中其他类型的气体；二是添加化合物，使氢不能溶解在液体金属中。采用第一种方法的案例包括改变金红石和大理石的比例。由图 3-5 可见，大理石分解增加了 CO 和 CO_2 的浓度，相应地降低了逃逸气体中氢气的浓度。

我们知道，无论是碳钢还是奥氏体钢，氢都是从焊接区域扩散到热影响区。由于尚没有可靠的对热影响区氢浓度的测量手段，所以对比测试了奥氏体钢和碳素钢在焊接初始阶段从焊缝金属扩散的相对转化率，如图 3-6 所示，图中 1 是奥氏体钢，2 是碳素钢。奥氏体钢焊缝中金属氢的扩散慢得多，并且扩散量小，表明虽然奥氏体钢的焊接性差，但在水下进行钢的焊接是可能的。

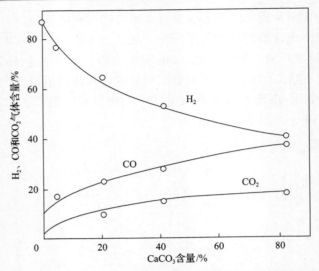

图 3-5　$CaCO_3$ 含量对逃逸气体中氢和碳氧化物的影响

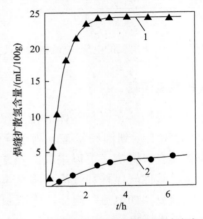

图 3-6　焊缝金属氢扩散的相对速度

3.2.4　湿式焊接焊缝金属合金元素

焊缝金属特性控制主要取决于必要的合金元素达到某种水平的可行性。这直接与水下湿式焊接中碳、硅、锰及其他元素的转化、同化等问题关联。由于水蒸气分裂，气泡环境具有很强的氧化性，所以上述元素的高度燃烧将不可避免。金红石药芯焊丝试验验证了这个结论，如表 3-1 所示。可见，对于湿式药芯焊丝，焊缝金属与高氧化性合金元素结合不可能被限制。从这方面看，与镍结合将更有前景，并且研究也给予了证实。如果电极中存在活性元素，那么镍的损失几乎可以忽略。

表 3-1　药芯焊丝焊接碳、锰和硅的转化率

元素	焊丝成分范围/%	转化率	焊缝金属中范围/%
碳	0～0.60	0.168～0.227	0.050～0.075
锰	0～4.12	0.169～0.221	0.01～0.52
硅	0～1.35	0.015～0.036	0.01～0.03

3.2.5　湿式焊接焊缝金相

氧化-还原反应过程的条件主要是由碳、硅、锰和铁及非金属数量和成分直接或间接决定的。由不含合金成分的药芯焊丝形成的熔敷焊缝金属主要是 FeO，其余成分则占较大部分的 SiO_2 和 55%的其他复杂氧化物，氧化物尺寸为 0.5～7μm，而其中 1～2.5μm 的占 42%。药芯焊丝的合金成分增加，非金属成分总量则减少。碳含量增加，非金属含量减少，而锰和硅的作用则相反。

在化学成分产生作用的同时，焊缝金属的冷却速度同样也影响焊缝成形。水下热影响区的冷却速度远高于普通条件下焊接的冷却速度。低速焊接时，如 0.19sm/s，水下焊接熔池为液体状态的持续时间明显比空气中焊接的持续时间短；随着焊接速度的提高，水下焊接和空气中焊接的溶池长度都要降低。然而，水下热影响区的宽度仍比在空气中焊接窄。

空气焊缝组织中更多的是细纹结构、贝氏体甚至马氏体。浅水焊缝，其微观结构主要是初始晶界铁素体和上贝氏体。随着水深增加，会出现一定数量的魏氏铁素体。如果镍的成分超过 1%，那么将形成多边形铁素体的次级结构及针状铁素体区域。随着镍含量增加，如达到 2.5%，这些区域的数量增加。当镍含量进一步增加，板条马氏体区域形成，在焊接接头根部尤其如此，如图 3-7 所示。图 3-7(a)、(b) 和 (c) 对应的镍含量分别是 0.75%、1.95% 和 3.3%。

 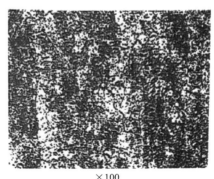

×100　　　　　　　　　　　　　　　　×100
(a) 0.75%　　　　　　　　　　　　　　(b) 1.95%

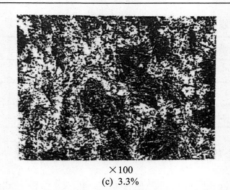

×100
(c) 3.3%

图 3-7　不同镍含量焊缝金属的典型微观结构

3.2.6　湿式环境钢的焊接性

不同强度级别钢的焊接性问题与水下环境焊缝组织形成的特性密切相关，主要包括焊层层下裂缝预防、焊缝金属塑性增加及热影响区硬度减小。

对于低合金钢水下湿式焊接性评价而言，主要问题是对冷裂纹的抵御能力显著降低。其主要原因已经明确，即氢含量高的有害化合物及热影响区淬火组织。

17G1S 钢属于典型的锰钢结构，与锰、磷和硫等元素相关联。随着水下焊接接头的热影响区减小，其硬度增加。熔合线附近母材的硬度达到 2800MPa，不低于焊接之前初始水平的 1.5 倍。其结构是粗纹马氏体及尺寸约 0.1mm 的奥氏体。在热影响区，可能会出现相当大的裂缝，并沿奥氏体结晶界分布。根据裂纹位置的特点猜测：奥氏体微粒内部的马氏体晶体快速增长的停止导致了裂纹形成。

对高强度 X60 钢热影响区冷裂纹倾向的研究是采用 V 形坡口焊接试件进行的，X60 钢板单道焊，没有出现裂纹。图 3-8 是采用奥氏体型药芯焊丝焊接的 X65

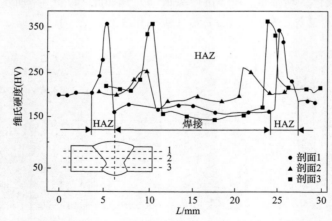

图 3-8　奥氏体型药芯焊丝焊接的 X65 钢对焊接头断面的硬度分布
L 为测量位置，15mm 是焊缝中心位置

钢对焊接头断面的硬度分布。值得注意的是，采用奥氏体型焊丝和采用碳钢型焊丝对焊接头的硬度分布相似，而且热影响区硬度的最大值也大致相等。

至此，毫无疑问的是氢和结构因素共同导致形成冷裂缝。实际上，当硬度相对较高时，难以发现冷裂缝，这在分析奥氏体钢和碳素钢焊接结构的行为差异中必须予以考虑。可以确认的是，当其他条件相同时，奥氏体钢焊接不产生焊层层下冷裂缝，而碳素钢焊接则会产生焊层层下冷裂缝。

初步试验表明，采用奥氏体型药芯焊丝有可能获得机械性能级别更高的焊接接头：极限强度和屈服强度分别达到 623MPa、346MPa，延伸率为 38%～40%，断面缩减量 55.6%。所以，奥氏体钢的极限强度和屈服强度具有关联性，延伸率和断面缩减量相当高。

焊接性还包括水下焊接接头的结构强度问题。数据表明，无论是在空气中焊接还是在水下焊接，扁平试样和刻槽试样的疲劳强度试验结果是类似的。可以确定在空气中焊接接头和水下焊接接头的疲劳强度几乎相等。

3.3　水　下　焊　条

3.3.1　水下焊条配方与焊缝外观

本节选择了 5 种涂层组分进行研究，均由 3 种物质构成，分别是 TiO_2-SiO_2-CaF_2、TiO_2-SiO_2-$CaCO_3$、TiO_2-CaF_2-$CaCO_3$、TiO_2-CaF_2-Fe_2O_3、TiO_2-CaF_2-FeO-TiO_2。焊条性能评定将焊缝外观、熔渣特点及其清除均分成 5 个级别，满分为 10 分。图 3-9 表明，5 种涂层组分中 TiO_2-SiO_2-$CaCO_3$ 系统是最完美的，其性能研究评分达到 9～10。根据给定数据，其对应成分 56%～80%TiO_2、15%～33%SiO_2 和 3%～

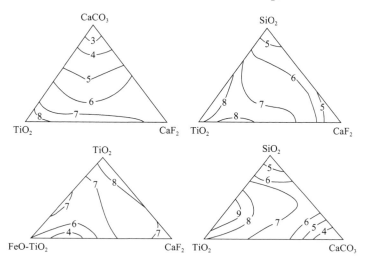

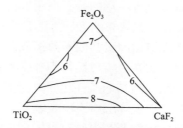

图 3-9　涂层成分对焊接工艺性能的影响

20%CaCO₃ 被认为是最适合的涂层成分。

采用基于该涂层配方的焊条，在储水容器内对 St3 型低碳钢进行湿式焊接，当焊接电流值在 120～200A 时，获得了在最大、最小电流下焊接横截面的典型照片，如图 3-10 所示。

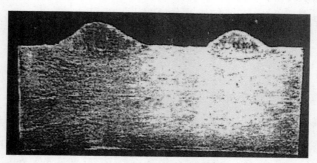

图 3-10　在最大与最小电流条件下的焊接横截面典型照片

3.3.2　电弧稳定性

采用金红石+10%长石涂层的试验焊条进行水下焊接，其电压、电流波形如图 3-11 所示。焊接过程存在瞬时短路，当电流减小到 150A 并过渡到仰焊位置，焊接稳定性变差，产生了电弧中断现象。但是，短路电流的持续时间约 8ms，明显小于空气中焊接的短路电流持续时间 12～14ms 的极限值。

3.3.3　合金化对焊接接头结构及其性能的影响

本节试验用如表 3-2 所示的 4 种焊条。焊缝金属中碳、硅和锰的关系已经确定，其在涂层中的含量如图 3-12 所示。该关系与普通条件下焊接的关系相同。但是，从数量角度而言，上述元素的过渡数量急剧减少，特性数据如下：碳为 0.15%～0.20%，硅为 0.3%～0.5%，锰为 0.06%～0.15%。

为了进行金相研究和力学性能测试，焊接了 St3 型低碳钢接头。焊缝焊接 6 层，硅和锰的范围为 0.09%＜Si＜0.34%，0.06%＜Mn＜0.44%。金相学研究表明，所有样品焊缝金属的微观结构实际上是相同的，即由一系列铁、碳混合物组成，如图 3-13 所示的案例。需要注意的是，其微观结构的主要特点是颗粒细化。当锰含

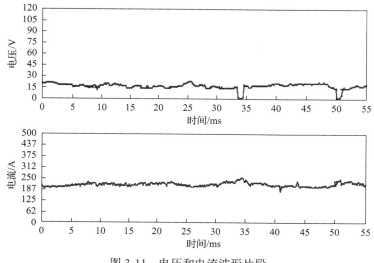

图 3-11　电压和电流波形片段

表 3-2　金红石型涂层试验焊条的成分　（单位：%，质量分数）

序号	金红石	长石	氟石	大理石	赤铁矿
1	69~86	9~12	—	—	
2	58~73		20~25	—	
3	58~73		—	20~25	—
4	58~73		—	—	20~25

注：上述所有焊条涂层都包括 0.5%~4% 的石墨、2%~16% 的硅铁、5%~20% 的锰和 2% 的碳酰基甲基纤维素。

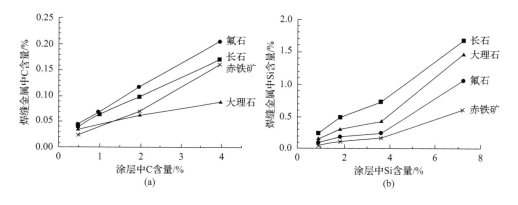

(a)　　　　　　　　　　　　　　　　　(b)

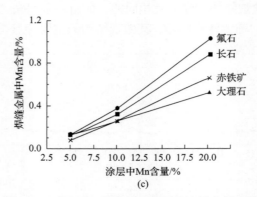

图 3-12　碳、硅、锰在焊缝金属及涂层中的含量

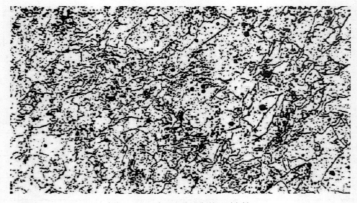

图 3-13　焊缝金属微观结构

量达到 0.2%时，只有塑性提高；当锰含量超过 0.2%时，抗拉强度和屈服点均有所提高，但塑性降低。事实上，同时加入硅和锰并不会改变焊接接头的机械性能。为了保证塑性不低于 14%，焊缝金属中的锰含量必须达到 0.35%。此时，接头的抗拉强度为 440～470MPa，屈服点超过 350MPa，这个性能水平能够满足母材与焊缝金属性能相当的条件。

3.3.4　防水涂层

　　焊条防水涂层对于焊缝形成而言是重要的。焊条涂层必须具备一系列性能，如亲和矿物涂层、疏水性、绝缘性和可制造性。已经证明，最合适的化合物是聚乙烯，如彩色防水涂层化合物的主要成分是高压粉末聚乙烯。

　　具备完整涂层的水下焊条试验分别在淡水和盐水环境进行，要求疏水层均匀燃烧，不形成边或毛刺。

在此基础研究之上，研发了 EPS-AN1 级[①]水下焊接涂层焊条，由其形成的焊接接头的屈服强度达到 350MPa，满足大多应用情况的要求。焊条能够保证焊缝金属塑性不低于 14%，焊缝金属和母材强度相等。该焊条的重要特点是可以用于任何空间位置的水下焊接，满足 AWS D3.6 规范 B 级接头的要求。广泛的行业测试表明 EPS-AN1 级焊条可用于一系列实际工作。

3.4　水下药芯焊丝焊接与切割

3.4.1　水下药芯焊丝半自动焊

1. 水下药芯焊丝焊接的熔滴特征

在不同盐度和静水压力下，研究焊接参数对熔滴形态和焊缝外观的影响，试验条件如下：钢板焊接采用的耗材是直径为 1.6mm 药芯焊丝，分别在空气、淡水和 30‰盐水之中进行试验。焊接电流 I_w=120～260A、焊接电压 U_a=25～37V、焊接速度 V_w=5～25m/h，电源反极性连接。

空气中电弧焊接的某些规律在某种程度上也与水下环境焊接的特点相同。随着焊接电流增加，熔池熔深 H、熔宽 B 和增高 a 增加。随着焊接电压增加，熔宽和熔深增加，但增高减少。焊接速度越大，熔滴沉积越少。水下焊接接头总体较窄，熔深和增高小于在空气中焊接，其他因素相同，如图 3-14 所示，B 为熔宽，h 为熔深，a 为增高。

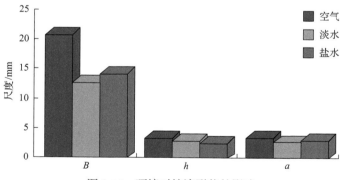

图 3-14　环境对熔滴形状的影响

通过试验观察到熔滴尺寸减小，认为是由水导致的冷却速度过快的结果。对盐度的影响可以这样解释：盐中的钠、钾、钙和锰进入蒸汽气泡，促使弧柱宽度

---

① EPS 指的是发泡聚苯乙烯 (expanded polystyrene)；AN 表示"经认可用于海军"(approved for navy use)，适用于水下湿法焊接；数字"1"是产品的型号规格，含义下同。

增加，使焊接熔池电弧压力增加，熔滴宽度增加，但熔深减小。

　　为了研究静水压力对焊接参数的影响，在模拟 60m 水深条件下进行试验。已经发现，水深影响可以忽略。试验结果是熔宽略微减小，同时熔深和增高略微增加。

　　2. 水下药芯焊丝焊接的电弧稳定性

　　采用自动化设备在装有淡水的特殊高压试验舱进行了商用金红石药芯焊丝 PPS-AN1 焊接试验。通过改变舱内压力，模拟了 0.5m、10m、20m 和 50m 水深，同时，进行了空气中焊接，并以此作为水下焊接的比较。熔滴过渡特征是以短路电流时间 τ_s 和频率 f_s 来评估的。电弧的特征是通过对多峰分布进行阶梯化处理形成的柱状图来分析的。

　　图 3-15 为水深 h 对短路电流时间和频率的影响。数据表明，水深对这些参数有一定影响。短路电流随着水深急剧增加，当 h=10m 时达到最大值。短路电流频率也急剧增加，例如，短路电流状态下过渡到熔池的金属增加，该状态的持续时间比例达到 24%。

　　通过对如图 3-16 所示的焊接电压和电流柱状图的分析可以得到水下焊接过程的进一步信息，该图中（a）和（b）是空气环境，（c）和（d）是 0.5m 水深，（e）和（f）是 10m 水深，（g）和（h）是 20m 水深，（i）和（j）是 50m 水深。在空气中焊接，弧压分布的分散程度低，如该图中（a）和（b）所示。表明焊接过程的稳定性好。

　　但是，即使水深仅增加到 0.5m，电弧状况就有所改变。随着水深增加，电弧将出现扰动和熄灭，表现为弧压柱状图上清楚分布的 2 个新区域。图 3-16（c）中，左边区域表示短路电流状态对应的电压，右边区域表示熄弧时刻电源和焊接电流感应导致的粗刺，而中间区域则是弧压。图 3-16（d）和图 3-16（f）

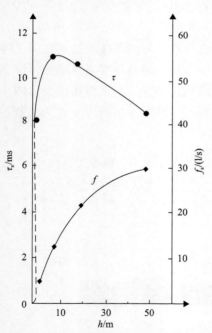

图 3-15　水深 h 对短路电流时间 τ_s 和
频率 f_s 的影响

等也表明，熄弧是因电流柱状图上存在零电流分布区域而发生的。

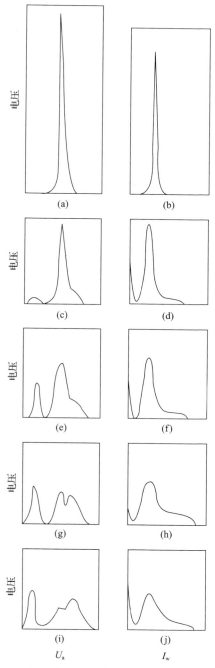

图 3-16　不同水深焊接电压和焊接电流的柱状图

　　焊接电弧行为和焊条熔化特征在水下焊接与在空气中焊接的差异显著。随着水深增加，短路电流和电弧熄灭次数增加的主要原因是气泡尺寸减小。此时，电弧越收缩，弧柱电压梯度越大。因为电源恒压为 29～30V，所以梯度越大，电弧长度越短。当水深超过某个临界值后，短路电流周期缩短，如图 3-15 所示。

3. 商用水下药芯焊丝 PPS-AN1

　　截至目前，商用药芯焊丝 PPS[①]-AN1 已经焊接成了拉伸强度达到 450MPa 的焊缝，焊缝外观如图 3-17 所示。焊缝的典型微观结构是细微的多边形铁素体颗粒，非金属物则主要是均匀分散的铁氧化物。大尺寸的铁氧化物很少，不超过 23μm。药芯焊丝 PPS-AN1 所形成焊缝金属的主要成分如表 3-3 所示，微观结构如图 3-18 所示。

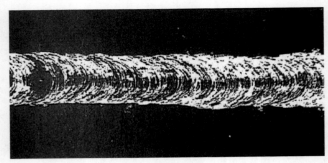

(a) 对接焊缝

(b) 角焊缝

图 3-17　药芯焊丝 PPS-AN1 形成的焊缝外观

表 3-3　焊缝金属 09G2 钢的化学成分　　（单位：%，质量分数）

钢	C	Si	Mn	Ni	S	P
09G2	0.05	0.03	0.27	0.06	0.02	0.022

---

① PPS 指聚苯硫醚(polyphenylene sulfide)。

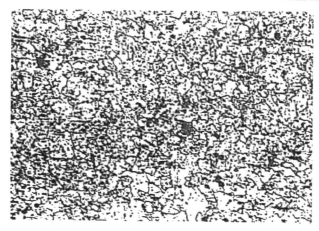

图 3-18　焊缝金属的典型微观结构(×320)

3.4.2　无需供氧的水下药芯焊丝电弧切割

巴顿电焊研究所对水下电弧切割冶金学和技术特征进行了基础性研究，包括 60m 水深电弧的物理特征研究，主要包括药芯焊丝切割机理研究、水压对切割过程技术参数的影响评估、水下切割参数的优化选择、电源特点对切割参数的影响。

本节研究了 3 组药芯焊丝成分，每一组对金属切割的割口氧化、气体动力学和放热效应的影响是不同的。以提供技术过程高效率的可行性为依据，对这些体系进行了评价。根据评价，研制了 3 种类型药芯焊丝并进行试验，结果见表 3-4。

表 3-4　无需额外供氧的水下药芯焊丝电弧切割特征

药芯焊丝的类型	成分基本体系	母材厚度/mm	切割速率/(m/h)	备注
PPR-AN1	造气	12～20	8～20	水深 30m、切割量大
PPR-AN2	氧化	10～20	8～24	水深 30m、特殊工作
PPR-AN3	产热	10～40	6～26	水深 60m

1. 成分基本体系

造气体系之所以造气程度高，是因为其包含碳酸盐成分。金属氧化物中二氧化碳的含量确实低于氧气含量。不过该体系具有吸引力是因为焊丝制造容易、无需稀有成分、成本低廉。但是，氧化体系比造气体系更加有效。如果氧气过度喷射，那么钢质焊丝丝管燃烧加剧，从而受到限制。与造气体系、氧化体系相比，产热体系的主要优点是电弧的穿透能力提高了 10%～15%。水压增加时，该优势特别明显。

此外，当水深较浅时，该体系可以降低切割电流而不会损失生产效率。

对于这 3 种体系，与单位切割长度对应的焊丝材料和能量的最佳损耗关系已经明确。这些体系在不同作业水深的特征比较如图 3-19 所示，其中，图 3-19（a）为切割水深对药芯焊丝消耗的影响，图 3-19（b）为切割水深对电能消耗的影响，1 是造气体系，2 是氧化体系，3 是产热体系，切割条件是母材厚度 20mm，焊丝进给速度为 350m/h，切割电流为 450～530A，弧压为 40～55V。

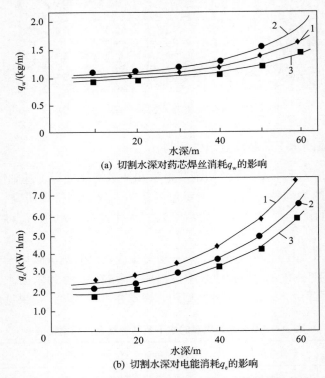

(a) 切割水深对药芯焊丝消耗q_w的影响

(b) 切割水深对电能消耗q_c的影响

图 3-19　三种体系在不同作业水深（H）的特征比较

数据表明，产热体系焊丝对于深水最有效果。能量消耗最高的是造气体系焊丝，原因是为了保证电弧区域碳酸盐的完全分解，切割强制进行，U_a=50V，I_c=500A。

2. 切割参数

2.0～2.4mm 的小直径焊丝更适合半自动药芯焊丝切割，因为小直径焊丝可以使用轻便夹具，从而方便于水下应用。

电流与焊丝进给速度的关系如图 3-20 所示，随着焊丝进给速度增加，电流增加的速率减小，对于小直径焊丝尤其如此。

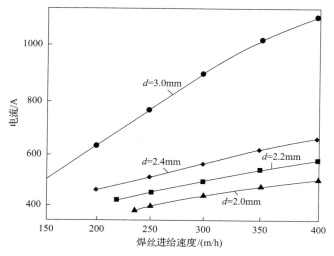

图 3-20 切割电流与焊丝进给速度的关系(作业水深 0.3m)

采用直径为 2.0～2.4mm 的焊丝，药芯焊丝能够切割厚度为 30mm 的低碳钢。但是，这类焊丝更适合用于以 10～15m/h 的速度在水下切割厚度为 15～20mm 的金属，如图 3-21 所示，送丝速度为 350m/h。

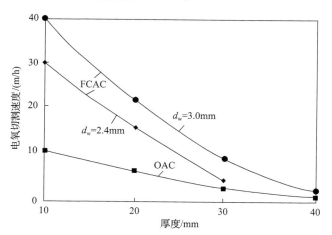

图 3-21 水下药芯焊丝及水下电氧切割速度与被切钢板 St3 厚度的关系

当焊丝直径达到 3mm 时，切割能力显著提高，但需要采用重质夹具，但这使潜水员进行切割作业更加困难。

3. 水压

影响药芯焊丝技术参数最重要的因素是水压。碳钢试样药芯焊丝切割参数的优化研究表明，当水深增加时，为了提高切割效率，必须保持与所选择焊丝直径相适应的最大切割电流和弧压，从而保证割口形状和尺寸最优。

随着水压增加，弧压增加曲线如图 3-22 所示，该弧压是以水下弧柱电场强度变化为特征的。

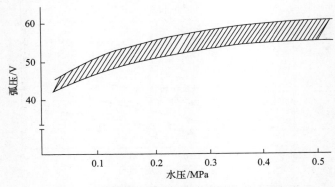

图 3-22　水压对提供稳定电弧所需要弧压的影响

当弧压超过维持药芯焊丝切割过程所需最小电压的 10%～20%时，随着割口形状的改善，焊丝切割能力增强。实际上，随着弧压进一步增加，由于弧长增加及阳极斑点在割口内部跳跃，药芯焊丝切割过程恶化。通过药芯焊丝切割过程的参数波形图可以发现，随着水压增加，切割电弧的稳定性恶化，表现为电流和电压波形图的扰乱。但是，这并不会对药芯焊丝切割技术参数产生显著影响。

4. 经济指标

除切割速度与作业水深和母材厚度的基本依赖关系外，药芯焊丝切割的重要技术参数还包括焊丝和电能消耗。

$$q_{\mathrm{w}} = k_1 v_{\mathrm{wf}} \frac{Q}{v_{\mathrm{c}}}$$

$$q_{\mathrm{e}} = k_2 \frac{P_{\mathrm{a}}}{v_{\mathrm{c}}}$$

式中，q_{w} 和 q_{e} 分别为连续切割单位长度金属所消耗的焊丝和电能，单位分别为 kg/m 和 kW·h/m；v_{wf} 为焊丝进给速度，单位 m/h；Q 为 1m 焊丝的质量，单位 kg；v_{c} 为切割速度，单位 m/h；P_{a} 为电弧功率，单位 kW；系数 k_1 和 k_2 的值可以通过计算确定，k_1=1.04，k_2=0.9。可见，包括切割过程基本参数在内的这些指标均可以作为药芯焊丝切割过程评定的依据。

这些指标的部分数据如表 3-5 所示，母材是低碳结构钢 St3，送丝速度为 350m/h。

表 3-5　采用 PPR-AN1 型水下药芯焊丝电弧切割的经济指标数据

H/m	δ/mm	D_w/mm	I_c/A	U_a/V	V_c/(m/h)	q_w/(kg/m)	q_e/(kW·h/m)
10	10	2.0	470	40	20.0	0,333	0.940
		2.4	620	45	25.0	0.365	1.116
	15	2.0	460	43	12.0	0.554	1.648
		2.4	600	47	20.0	0.455	1.410
	20	2.0	460	45	8.0	0.831	2.531
		2.4	600	50	15.0	0.606	2.000
20	10	2.0	450	42	18.0	0.369	1.050
		2.4	610	47	23.0	0.396	1.246
	15	2.0	460	45	10.0	0.664	2.070
		2.4	580	49	18.0	0.505	1.578
	20	2.0	440	47	6.0	1.108	3.446
		2.4	580	52	13.0	0.699	2.320
30	10	2.0	440	44	16.0	0.416	1.210
		2.4	570	49	20.0	0.455	1.396
	15	2.0	440	47	8.0	0.831	2.535
		2.4	560	51	16.0	0.568	1.785
	20	2.0	420	49	4.0	1.662	53145
		2.4	560	54	10.0	0.910	3.024

注：H 为水深，m；δ 为母材厚度，mm；D_w 为焊丝直径，mm；I_c 为切割电流，A；U_a 为切割电压，V。

3.5　水下焊接设备

3.5.1　水下焊接设备组成

巴顿电焊研究所研制的半自动化设备如图 3-23 所示，由控制柜和潜水箱组成，其布局设计是将控制柜放置于甲板之上，潜水箱位于水下，如图 3-24 所示。焊接电源也放置于甲板之上，控制柜与潜水箱之间通过焊接电缆和控制电缆连接。

控制柜由控制单元、测试测量单元及显示单元组成。控制单元允许逐步调节送丝电机转速，过载时将送丝电机电流自动限制在安全值，以及当电路中形成短路电流时切断电源。控制柜前面板由焊接过程控制器、自动开关按钮、焊丝送进调节器及显示灯组成。

潜水箱是如图 3-25 所示的容器，容器中充满绝缘介质，内部安装送丝装置、张紧机构和丝盘转轴。送丝装置通过张紧机构将药芯焊丝穿过导引软管和焊枪，到达焊接区域。减速齿轮和电机安装在充满绝缘介质的密封盒内。容器其余的自

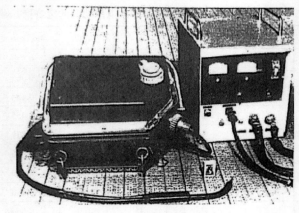

图 3-23　水下焊接半自动化设备

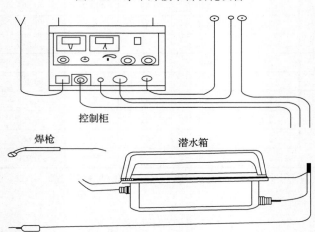

控制柜

焊枪　　　　　　　　潜水箱

图 3-24　半自动化设备接线

图 3-25　半自动化设备水下箱体(潜水箱)

由空间则充满淡水。容器内部介质包裹带电部件，使其焊接期间虽存在电压但与海水绝缘。这种方法的电流耗散最低，维护了作业部件。

由于配备了压力补偿装置，所以静水压力可以自由地传递到容器内部的淡水，使内外压力保持平衡。任何柔性元件，如膜片，都可以作为压力补偿装置。潜水箱内任意部件内外等压，从而避免了部件变形及安装楔形件。

这种设计使半自动化设备能够在更宽水深范围、更长时间内进行可靠操作，甚至超过了潜水焊工可能的作业能力范围，其代表性型号 A1660 的技术数据如表 3-6 所示。

作为半自动水下焊接电源，焊接变压器应该具有电压-电流平外特性及较大的空载电压。半自动水下焊接机器由 2 人操作：甲板上的操作员负责控制柜操作；水下的潜水焊工进行焊接。操作员负责焊接电源调节，包括调节焊接开始阶段和结束阶段等的技术参数。潜水焊工负责焊接，如有必要，可以现场打开容器箱体更换焊丝、继续工作。

表 3-6　A1660 商用半自动设备的技术数据

设计参数			标准值
60%额定负载持续率时焊接电流最大值/A			400
焊丝直径/mm			1.6～2.0
焊接电流类型			直流
焊接电流极性			直流反接
送丝速度/(m/h)			100～600
送丝速度调节			恒速
50Hz 电源电压/V			230
丝盘质量不小于/kg			3.5
消耗功率不大于/(kV·A)			0.6
外形尺寸/mm	潜水箱	长	500±5
		宽	330±3
		高	350±3
	控制柜	长	400±5
		宽	320±3
		高	425±4
重量/kg	潜水箱		45
	控制柜		35

3.5.2　水下半自动切割设备

　　该半自动焊机器还可以用于水下半自动切割工作，切割电流在 450A 以内，能够有效切割厚度在 20mm 以内的钢板，但需要使用直径为 2.0mm 的特殊药芯焊丝。当切割厚度达到 40mm 的更厚钢板时，巴顿电焊研究所研制的一种更简单的半自动机器类型可以完成该工作，工作电流可以达到 800A。因为切割不需要送丝速度无极调节，所以采用异步电机。采用 2 个变速齿轮，分级调节送丝速度。该半自动机器操作简单、工作可靠。但也有明显缺点，即工作过程之中，无论是操作员还是潜水焊工都不能改变切割的技术参数。

3.5.3　水下半自动设备用于其他场景

　　巴顿电焊研究所研发的半自动化机器如果与位于深水的舱内或舱外机械手结合，那么只要一名操作员即可完成船舶打捞救助所需要的水下结构切割或辅助性附件焊接。此外，以半自动机器为基础，有可能研发在放射性强烈的水下环境使用的焊接与切割自动化机器。在这种情况下，控制柜与作业地点的距离可以达到 500m。可以期待将这种装置用于核电站的修复和拆除。

第4章　水下干式高压焊接与装备

4.1　水下干式高压焊接原理

　　水下结构物干式高压焊接修复是在一个仅需抵抗较小压差且自重较轻的干式舱内进行，舱内的水由高压气体排出。焊接操作人员、焊接设备整体置于干式高压环境之中，完全排除了水对焊接过程的影响，焊缝质量优良，此外焊接设备也不需要考虑水下密封。高压焊接在技术上存在的问题是在焊接过程中需承受与静水压力相等的气压，对气体、熔渣、金属反应等均会产生影响，而高密度气体加剧了热量从焊接部位的散失。高压焊接研究的主要目的是在特定的环境压力和气体成分条件下，如何设置焊接参数以保证焊缝质量符合有关标准要求。

　　水下干式高压焊接原理如图 4-1 所示[3]，图 4-2 是模型图。根据流体静力学，气体和海水在交界面的压力相等，该交界面靠近舱的底部，最大压差则位于舱的顶部。舱内压力只是略微超过外部压力，采用轻质钢结构和简单的柔性密封能够很容易地解决这个压差问题，从而使舱的安装及密封操作成为可能。

　　干式舱的结构需要适应待修结构物，对于管道而言结构简单，但对于平台而言则可能非常复杂。干式舱内气体的具体选择需要考虑许多因素。空气压缩之后即可充入舱内排出海水，但空气的高氧含量在压力仅为几个大气压时，舱内物体

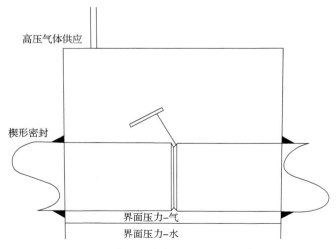

图 4-1　水下干式高压焊接原理示意图

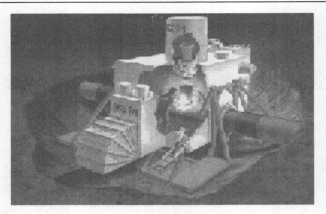

图 4-2　水下干式高压焊接模型图

的可燃性将显著增加，对于焊接而言，需要在高压环境下对熔池进行保护。氩气密度与空气相近，热传导率比氦气低，可以降低焊缝金属的冷却率，但在高压环境下，氩气对潜水员有麻醉作用。采用氦气作为舱内气体的主要优势是它与饱和潜水用的呼吸性混合气体类似；其主要缺点是高热传导率将增加焊缝金属的冷却速率，且其价格昂贵。

4.2　焊条焊及其在隧道盾构机维修中的应用

4.2.1　焊条焊及其高压环境行为特征

　　焊条焊简称 MMA 焊，示意图如图 4-3 所示。采用耗材是一根直径为 1.5～5mm、长度为 300～450mm 的中、低合金钢丝，外面涂敷一层能起多种保护功能的助焊材料，其主要作用是为电弧和熔池提供保护。在电弧作用下，助焊材料分解产生 CO、CO_2 或隔离周围空气的金属蒸气，从而防止熔池氧化，与此同时，助焊材料分解形成一层黏性熔渣并覆盖在热熔滴上，为熔滴冷却过程提供保护。MMA 焊的工艺和设备简单，许多潜水员、焊工训练时均采用该方法，该方法同时也是使用最广泛的维修方法。

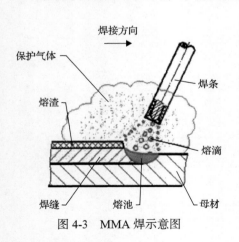

图 4-3　MMA 焊示意图

　　MMA 焊最突出的缺点是氢致裂纹。试验证明，大量的氢并不是直接来源于干式舱内气体中的水分，而主要是在电焊条使用过程中助焊材料从气氛环境中吸收的水分。电焊条的合理保管、烘干,采用密封干燥的容器储存、运送及减少使用之前的暴露等均可以使焊缝金属的氢含量维持在足够低的水平,从而保证焊缝的质量合格。

MMA 焊的弧压在压力作用下的变化不大,其主要原因是助焊材料分解的混合物转变成为在电弧区域范围内容易电离的材料。一般情况下,当水深超过 200m 时,弧压从约 20V 上升至 25~27V。当水深超过 60m 时,采用直流电流焊接,使用电源正极的操作方式,电焊条的燃烧效率可提高 50%左右。

燃烧效率的提高并没有增加电弧能量,大量的能量消耗在熔化电焊条上,而熔化母材的能量较少。如图 4-4 所示[3],研究表明,在陆上大气压环境焊接时,熔敷金属的体积与母材熔化体积的比值约是 2:1,而在 20~30m 水深时,该比值显著增加至 5:1 或 6:1,从而给熔池控制、焊缝成形带来显著困难。为了解决熔池的过度流动问题,通常可减小焊接电流和电焊条直径,为热输入设置一个上限值。

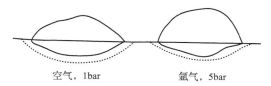

空气,1bar   氩气,5bar

图 4-4 压力影响 MMA 焊的熔化特征

1bar=100kPa

助焊材料中的金属碳酸盐在电弧的高温作用下可产生 CO、CO_2 对熔池进行保护。但是,在高压条件下,反应的平衡因气体产物被打破,碳和氧被转移到熔池,从而造成焊缝硬化。

此外,干式舱内的高压气氛环境与常压空气环境相比,其传热能力更强,这在富含氦气的气氛环境中尤其突出。快速冷却将造成焊缝金属的微裂纹,与慢速冷却相比,其脆性和敏感性更加突出。

4.2.2 隧道盾构机维修高压焊接与切割

以北京铁路地下直径线项目 12m 直径泥水平衡盾构机为例,介绍 MMA 焊、碳弧气刨在高压环境中的应用。

1. 隧道盾构机刀盘磨损

隧道盾构机构成如图 4-5 所示,它是集施工过程中的开挖、出土、支护、注浆、导向等全部功能于一体的综合性隧道开挖工程机械,广泛应用于城市地铁隧道、穿江过海交通隧道、水利水电隧道、市政公用隧道等基础设施建设。

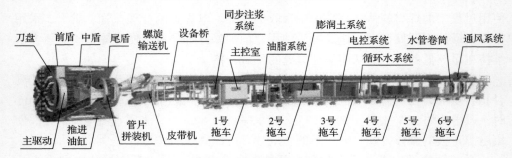

图 4-5　隧道盾构机构成

如图 4-6 所示，刀盘主要由刀盘体、刀具、磨损检测器、搅拌棒、泡沫管路等零部件组成。刀盘体由钢结构焊接而成，刀具有滚刀、齿刀、切刀、边缘刮刀、超挖刀、保径刀等。如图 4-7 所示，在掘进过程中，刀盘磨损主要发生在刀盘的工作面，尤其以刀盘的外周部位及刀盘与盾壳的间隙位置磨损最为严重。

图 4-6　盾构机刀盘结构

图 4-7　盾构机刀盘磨损

2. 隧道盾构机刀盘维修技术原理

以泥水平衡盾构机刀盘维修为例，原理如图 4-8 所示。盾构机停机后，首先对地层进行加固，在刀盘周围形成地层加固区，通过人工凿除、水力切割等方式开挖获得作业空间或对空间进行气密性保护从而在地下构建高压作业空间，根据埋深及水位选择合适的气压替代掘进过程的泥水压，施工人员通过盾构机的人员舱加压，并穿越气压舱进入刀盘舱，最后进入高压作业空间，在此空间中通过焊接、切割维修盾构机刀盘刀具，焊接切割产生的烟雾则通过废气排放管经水封槽排出。图 4-9 是刀盘焊接维修现场。

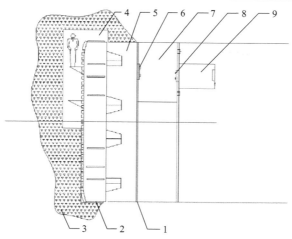

图 4-8　泥水平衡盾构机刀盘高压焊接切割维修

1.盾构机；2.刀盘；3.地层加固区；4.工作空间；5.刀盘舱；6.刀盘舱舱门；7.气垫舱；8.气垫舱舱门；9.人舱

图 4-9　刀盘焊接维修现场

3. 压缩空气环境 MMA 焊工艺试验

焊接工艺试验在北京铁路地下直径线项目泥水平衡盾构的气压舱内进行。试板材料选用 Q345 钢板，板厚 16mm，试板尺寸 300mm×150mm，由两块试板组成 60° V 形坡口进行对接。试验采用伊萨公司 ESAB650C 型多功能焊机和伊萨公司的 OK 48.08 焊条，该焊条熔敷金属的化学成分和力学性能分别如表 4-1 和表 4-2 所示[15]。

表 4-1　OK 48.08 焊条熔敷金属的化学成分　（单位：%，质量分数）

C	Mn	Si	S	P	Cr	Ni
0.06	1.2	0.4	0.010	0.015	<0.1	0.9

表 4-2　OK 48.08 焊条熔敷金属的力学性能

屈服强度/MPa	抗拉强度/MPa	延伸率/%	冲击功/J			
			−20℃	−40℃	−50℃	−60℃
540	600	26	160	130	100	60

　　本研究一共进行了三组对接焊接试验,参数如表 4-3 所示。焊接试验位置包括平焊、立焊、横焊,分别如图 4-10～图 4-12 所示。此外,还进行了 0.3MPa 范围内的堆焊试验,采用的堆焊焊条是伊萨公司的 UTR-CDUR600 焊条。

　　在试验过程中,采用气体监测仪监测焊接切割时舱内的气体成分,包括 O_2、CO_2、CO 和可燃性气体,图 4-13 是在 0.3MPa 压力焊接时舱内气体成分含量曲线。虽然,焊接时的气体成分没有超标,但在工作过程中仍要注意对舱内的气体进行监测并强制换气,焊接人员需佩戴焊接呼吸面罩。焊接切割工作完成后按照《空气潜水减压技术要求》(GB/T 12521-2008)进行减压,进而保证工作人员的安全。

表 4-3　压缩空气条件下的焊接参数

项目	立焊	横焊	平焊
试验压力/MPa	0.15	0.22	0.3
电流 I/A	135～150	150～170	150～160
焊机电压 U/V	380	380	380
焊割速度 V/(cm/min)	10	10	10
焊割时间/min	3	3	3
焊割长度/mm	300	300	300

图 4-10　平焊位置 0.3MPa 焊接

图 4-11　立焊位置 0.15MPa 焊接

图 4-12　横焊位置 0.15MPa 焊接

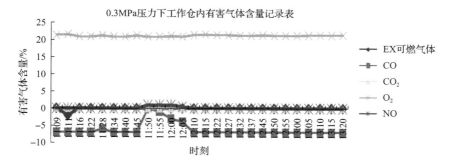

图 4-13　0.3MPa 焊接舱内气体成分含量曲线

4. 焊接试件检验与分析

对焊接试件进行拉伸和冲击试验，其中冲击试验分别在常温和 –20℃进行。图 4-14 和图 4-15 分别是拉伸试验试样和冲击试验试样，其抗拉强度和冲击功如表 4-4 所示。对接接头焊缝金属的化学成分和堆焊焊缝的金属性能分别如表 4-5 和表 4-6 所示。

图 4-14　拉伸试验试样

图 4-15　冲击试验试样

表 4-4　对接接头焊缝金属力学性能

	抗拉强度/MPa	冲击功/J	
		常温	−20℃
常压	538（断在母材）	177	143
0.3MPa	542（断在母材）	118	47

表 4-5　对接接头焊缝金属化学成分 （单位：%，质量分数）

	C	Mn	Si	S	P
常压	0.14	1.32	0.32	0.011	0.022
0.3MPa	0.10	1.44	0.44	0.011	0.021

表 4-6　堆焊焊缝金属性能

	化学成分/%		洛氏硬度（HRC）	
	Cr	Mo	测量值	平均值
常压	7.82	0.44	53，58.5，57，55，55.5，56，55.5	55.8
0.3MPa	7.58	0.40	52.5，59.5，56，56.6，57.5，57，58	57

1）焊缝金属韧性

由表 4-4 的数据可知，随焊接时压缩空气压力的增加，焊缝金属的韧性明显下降，并且在−20℃冲击值的下降幅度大于常温冲击值。盾构机刀盘带压检修时，刀盘舱的压缩空气压力和工作环境温度对焊接接头的韧性有重要影响。但从 0.3MPa 压缩空气压力在−20℃的冲击值（47J）数据来看，可以满足工程要求。一般焊接结构件的焊接接头焊缝金属在−20℃的冲击值应大于 27J，重要焊接结构件的焊接接头焊缝金属在−20℃的冲击值应大于 47J。考虑到盾构机施工环境温度达到−20℃的情况极少，因此可以得出本次试验选用的焊接设备、焊接材料、焊接规范参数满足压缩空气 0.3MPa 以下带压检修的需求。

2）化学成分

从表 4-5 数据可以看出，随着焊接时压缩空气压力的增加，焊缝金属中 C 含量有减少的趋势，而 Mn、Si 含量有小幅增加的趋势。

3）堆焊层金属性能

由表 4-6 数据可以看出，压缩空气压力的变化对堆焊层金属的化学成分、硬度影响不大。

5. 碳弧气刨及高压环境工艺试验

碳弧气刨原理如图 4-16 所示，其是将碳棒或石墨棒作电极，通过与工件间产生电弧，将金属熔化，并用压缩空气将熔化金属吹除的一种表面加工沟槽的方法。在焊接生产中，主要用来刨槽、消除焊缝缺陷和背面清根。碳弧气刨的灵活性、可达性好，可进行全位置操作，噪声小，效率高，具有较高的精度。

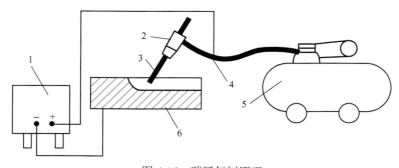

图 4-16　碳弧气刨原理
1.电源；2.气刨枪；3.碳棒；4.电缆气管；5.空气压缩机；6.工件

在北京铁路地下直径线项目泥水平衡盾构的气压舱内进行了 0.3MPa 工艺试验，电流为 479A、切割速度为 10cm/min、切割时间为 1min、切割长度为 100mm。

6. 高压环境 MMA 焊、碳弧气刨技术在隧道盾构机维修中的应用

高压环境 MMA 焊、碳弧气刨工艺试验完成后，在 0.17MPa 压力下完成了 45 舱左右带压动火焊接切割作业。

首先，通过进、排浆系统将刀盘舱内泥浆排出至中心线后，关闭进、排浆系统并稳定刀盘舱的压力和液位，进舱压力按照要求设定为 0.17MPa。当压力、液位稳定后，监控人员分别打开气压舱和刀盘舱放气阀门，利用气体检测仪对高压舱内的气体成分进行检测，在确定高压舱内气体成分安全时，作业人员通过人员舱加压，依次进入气压舱和刀盘舱，密切观察刀盘舱掌子面的泥膜情况。舱外则对作业过程的补气量进行控制，补气量控制在 50%（≤200m³/h）以内，工作过程中若大于 50%则通知作业人员出舱。其次，作业人员按照准备工作内容对配套设备、材料进行检查，检查风水电安装是否牢固，材料准备是否到位，确认设备连接完好后，按照作业内容进行焊接、切割作业。当完成一个班次的工作循环时依次关闭刀盘舱舱门和气压舱舱门并进入人员舱进行减压，作业人员减压按照《我国空气潜水减压表》执行，确保作业人员人身健康和安全。

图 4-17 是技术人员与作业人员进行舱内作业安全交底的安全作业文件。图 4-18～图 4-22 是盾构机刀盘舱旧喷头切割和新喷头焊接安装过程的照片。

图 4-17　安全作业文件

图 4-18　盾构机刀盘舱冲刷管喷头割除

图 4-19　冲刷管喷头割口

图 4-20　盾构机刀盘舱冲刷管喷头焊接

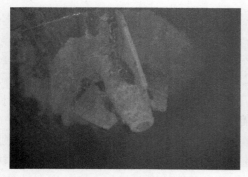

图 4-21　刀盘舱冲刷管喷头

图 4-22　冲刷喷头焊缝

4.3　钨极氩弧焊及其在海底管道维修中的应用

4.3.1　TIG 焊及其高压环境行为特征

钨极氩弧焊简称 TIG 焊，是一种用钨棒作为电极再加上氩气保护的焊接方法，其方法构成如图 4-23 所示。焊接时，氩气从焊枪的喷嘴中连续喷出，在电弧周围形成气体保护层隔绝空气，以防止其对钨极、熔池及临近热影响区的有害影响，从而获得优质焊缝。焊接过程根据工件的具体要求，可以加或不加填充焊丝。

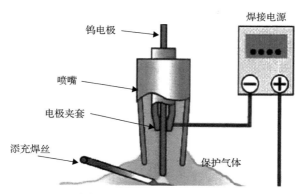

图 4-23　TIG 焊原理示意图

高压环境压力对 TIG 焊的第一个重要影响是需要增加弧压。弧压分成"下降段"和"柱状段"两个部分。对于 TIG 焊而言，压力对"下降段"部分的影响很小，对"柱状段"部分则有明显影响。事实上，电场强度与绝对压力的平方根基本上成正比。屏蔽气体压力和成分对弧压的影响如图 4-24 所示[3]。

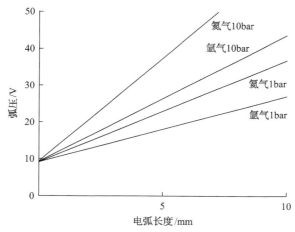

图 4-24　屏蔽气体对 TIG 焊弧压的影响

高压环境压力对 TIG 焊的第二个重要影响是焊接效率的变化。此外，在高压焊接舱的封闭环境中，高频放电引弧难以满足安全要求，更多地要求采用接触引弧。

1. 高压空气环境 TIG 焊接的电弧形态

用于电弧拍摄的高速摄像系统光路如图 4-25 所示。该光路的特点是 a、c 尽可能小，透镜 1 处于透镜 2 的焦点上，小孔光阑处于透镜 3 的焦点上，e 视情况而定。高速摄像机位于毛玻璃后，主机型号为 CPL-MS25k，500fps 的分辨率为 400×400、25000fps[①]的分辨率为 100×20，曝光时间为 1μs/24ms，记录时间为 1.5～15s，附件包括镜头、计算机、图像采集卡与专用驱动软件等。采用半导体激光器 EL65D80IG2 作为背景光源，波长为 650nm、出口功率为 60mW。

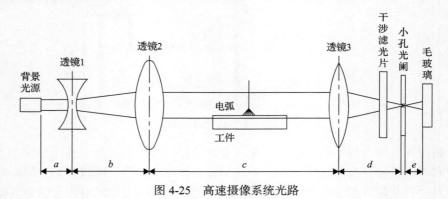

图 4-25　高速摄像系统光路

在 0.1～0.7MPa 的高压空气环境下，利用高速摄像系统拍摄的 TIG 焊电弧如图 4-26 所示。该图表明电弧稳定，随着空气环境压力升高，电弧逐渐收缩，由常压的钟状形态变为柱状形态，电弧亮度也随压力的升高而增加[16,17]。

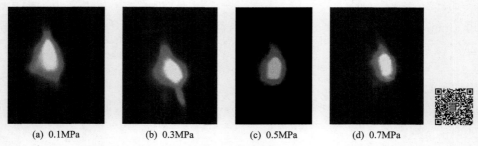

(a) 0.1MPa　　　(b) 0.3MPa　　　(c) 0.5MPa　　　(d) 0.7MPa

图 4-26　电弧形态（I=120A，L=5mm）（扫码见彩图）

I 为焊接电流；L 为电弧长度

2. 高压空气环境 TIG 焊接的电弧静特性

对于 3～6mm 的系列弧长，测定了 0.1～0.7MPa 不同空气压力下的 TIG 电弧

---

① fps（frames per second）为帧率，是指摄像头在每秒能够捕捉并记录的静态图片（帧）的数量。

电压与电弧静特性曲线，其中，5.5mm 的静特性曲线如图 4-27 所示。各种压力在空气环境下 TIG 焊的电弧电压值略高于同压力氩气环境下的数值，因为空气的主要成分是氮气，氮气的导热系数大、散热快，对电弧的冷却作用强。空气环境下的氩弧静特性类似于其他气体保护焊，在电流较大时为上升特性曲线。空气环境下的氩弧静特性随空气压力的增加而向上平移，平移量为 5～10V/MPa。由于高压空气环境下的氩弧电压与氮气环境及氩气环境下的氩弧电压相差不大，约 1V，所以高压空气环境下的氩弧对焊接电源空载电压的要求与氮气环境及氩气环境下的氩弧基本相同[18-20]。

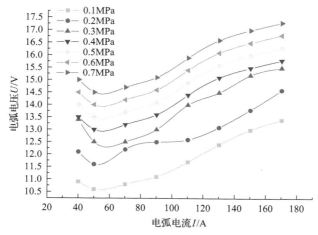

图 4-27　高压空气环境氩弧的静特性曲线（L=5.5mm）

电流分别取 40A、50A、70A、90A、110A、130A、150A 和 170A，电弧长度分别取 3mm、4mm、4.5mm、5mm、5.5mm 和 6mm，空气环境压力分别取 0.1MPa、0.2MPa、0.3MPa、0.4MPa、0.5MPa、0.6MPa 和 0.7MPa，测量不同电流、电弧长度、空气环境压力下的电弧电压值。通过对所有数据的分析得出，在 L、I 一定的情况下，U 与环境压力（P）近似呈线性关系；在 P、I 一定的情况下，U 与 L 近似呈线性关系；在 P、L 一定的情况，U 与 I 近似呈线性关系。既然 U 与 P、L、I 都近似呈线性关系，那么可以利用多元线性回归的方法对试验数据进行多元线性回归，即公式（4-1）的高压空气环境下电弧电压的数学模型：

$$U = 5.3445 + 9.84167P + 0.6333L + 0.01972I \qquad (4-1)$$

该数学模型建立了电弧电压与空气环境压力、电弧长度、焊接电流三者之间的关系。该数学模型可用于计算高压空气环境中的氩弧电压，适用范围为空气环境压力 0.1～0.7MPa，焊接电流 40～170A，电弧长度 3～6mm。

3. 光谱测量高压空气环境焊接的电弧温度

采用连续测量的方法将高压焊接试验舱内的压力增加至 0.6MPa 后开始进行光谱拍摄，之后逐渐降低压力，每隔 0.5s 采集一幅光谱图。焊接参数为焊接电流 100A，电弧弧长 3mm，氩气流量 13L/min，曝光时间 1～5ms，钨极直径 2mm。拍摄得到的光谱如图 4-28 所示[21]。

从图 4-28 可以看出，随着环境压力的升高，焊接电弧的光谱强度整体抬升，也就是连续谱强度增大，造成这一现象的原因是随着环境压力的升高，焊接电弧

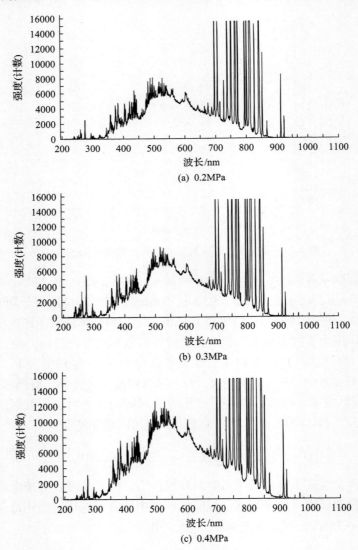
(a) 0.2MPa

(b) 0.3MPa

(c) 0.4MPa

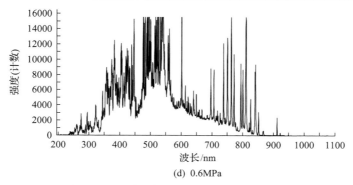

(d) 0.6MPa

图 4-28　不同环境压力下焊接电弧的光谱图

收缩，亮度增大，所以焊接电弧的连续光谱强度增大。同时，随着环境压力的升高，电弧光谱中的线光谱宽度增大，各条线光谱之间的间隔缩小。但是，与连续谱强度不断增强相反的是，随着环境压力的升高，焊接电弧光谱中的特征谱线强度有所下降。

以电弧光谱图为基础，可以采用双线法进行电弧温度的计算。其中，0.0MPa、0.6MPa 压力下焊接的电弧温度分析图分别如图 4-29 和图 4-30 所示。

图 4-29 为 0.0MPa 焊接电弧温度分析图，图中包括温度 1～温度 4 四组温度点描曲线及由四组温度值计算的平均温度线。从图中可以看出，第三组谱线计算得到的电弧温度最低，基本维持在 10100K 左右，平均温度为 10145K，而第二组谱线计算得到的电弧温度最高，平均温度为 12469K。四组谱线各自计算的 10 个温度值变化不大。四组谱线计算的温度存在温差可能主要是由各条谱线的吸收率

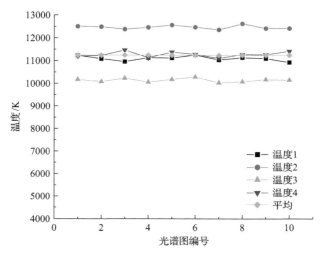

图 4-29　0.0MPa 焊接电弧温度分析图

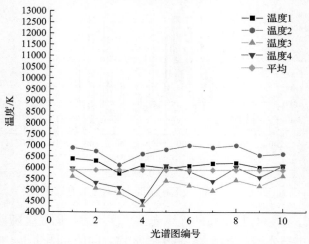

图 4-30　0.6MPa 焊接电弧温度分析图

略有不同造成的，通过四组温度的平均值可以有效减少由此造成的误差。计算得到的电弧各温度值在 11000K 上下浮动，最终计算得到的平均温度为 11246K。

　　在 0.6MPa 环境压力下，电弧温度在时域范围内依然存在较明显的波动，但与 0.5MPa 时相比略有下降。这说明通过 0.5MPa 临界压力后，焊接电弧又开始趋于稳定，在实际焊接中，此时引弧不再困难，焊接过程中电弧也不容易熄弧。最终计算得到 0.6MPa 环境压力下电弧温度的平均值为 5898K。

　　试验表明，随着环境压力的升高，电弧温度呈下降趋势。在从 0.0～0.2MPa 这个过程中，电弧温度下降得较明显。在从 0.2～0.5MPa 这个过程中，电弧温度的下降趋势较平稳，并且基本呈线性变化的规律。当环境压力从 0.5MPa 升至 0.6MPa 时，电弧温度的下降趋势有所增大。

4.3.2　高压环境下磁控 TIG 焊的电弧特性

　　电磁作用于电弧焊接的方式有三种，即外加轴向磁场、外加横向磁场及外加尖角形磁场。外加纵向磁场示意如图 4-31 所示，图 4-32 是励磁线圈实物。

　　用于试验及计算流体动力学 CFD 软件仿真的焊接条件是氩气流量为 20L/min，焊接电流为 200A，励磁电流的可调范围为 0～8A，钨极尖端距母材 10mm，采用直流正接，高压环境压力的变化范围为 0.1～0.7MPa[22]。

　　1. 环境压力对电弧温度场分布的影响

　　图 4-33 是在不同环境压力下模拟计算的电弧温度分布云图，与图 4-34 通过高速摄像观测到的电弧形态吻合。随着环境压力的增加，电弧温度轮廓略微收缩，这主要是由高压环境对电弧的冷却作用造成的。图 4-33 中电弧的最高温度区集中

在阴极尖端，这是因为此处的电流密度最大，产生的焦耳热最多[23]。

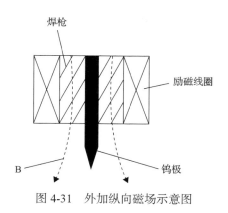

图 4-31　外加纵向磁场示意图

图 4-32　励磁线圈实物

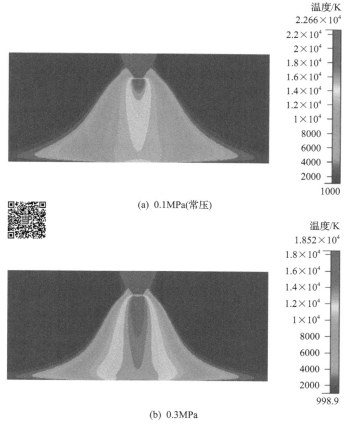

(a) 0.1MPa(常压)

(b) 0.3MPa

图 4-33　不同环境压力下电弧温度分布云图(扫码见彩图)

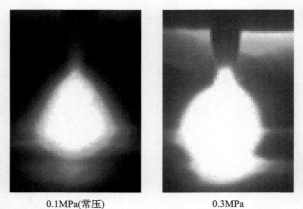

0.1MPa(常压)　　　　　　　　　0.3MPa

图 4-34　不同环境压力下 TIG 电弧的高速图像(扫码见彩图)

2. 外加磁场对高压环境电弧温度场分布的影响

对 0.3MPa 环境压力的 TIG 焊电弧外加强度为 300Oe、400Oe 的轴向磁场,电弧温度场 CFD 的计算结果如图 4-35 所示。与无磁场作用时的模拟结果图 4-33(b)比较可以看出,温度轮廓变化显著,即外加纵向磁场的作用改变了电弧形态。电弧明显收缩,形态不再是规则的钟罩形或锥形,弧柱中心区靠近阳极一侧出现空心现象。电弧温度分布发散,电弧中心温度降低且径向温度梯度减小。

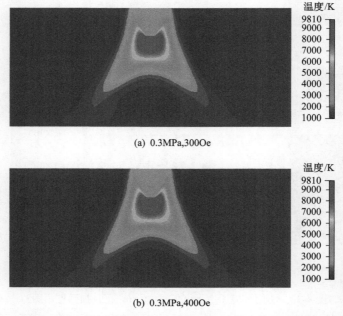

图 4-35　0.3MPa 时在不同磁场强度下 TIG 焊接电弧温度场分布云图(扫码见彩图)

图 4-36 是在高压环境下分别外加纵向磁场为 300Oe 和 400Oe 时采集的 TIG 焊接电弧图像，图中的电弧形态不规则，电弧扭曲，连续图像显示电弧呈螺旋转动。不同磁场强度下的焊接电弧图像均呈现出近阳极处弧柱中心区偏暗、外围亮的特点。试验采集图像与模拟所得结果基本一致[24]。

(a) 0.3MPa,300Oe

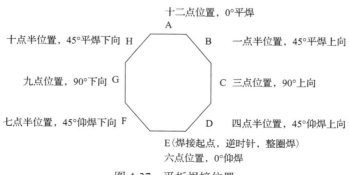

(b) 0.3MPa,400Oe

图 4-36　0.3MPa 时在不同磁场强度下 TIG 焊接电弧的高速图像(扫码见彩图)

4.3.3　高压环境直流 TIG 焊工艺试验

1. 高压环境板材直流 TIG 焊工艺试验

因为高压焊接试验舱内充入的是压缩空气，所以在焊接试验之前先进行压缩空气爆炸试验。板材焊接是用于管道焊接之前的探索性试验，为此按照模拟管道整圈全位置焊接的需要，平板试验选择如图 4-37 所示的 8 个代表性位置，每个位置分别进行 0.1MPa、0.3MPa、0.5MPa、0.7MPa 即 4 个压力级别的焊接试验，总计形成 8×4=32 种工况条件下的焊接程序。焊接顺序是位置 E 为焊接起点，逆时针进行整圈焊接，即 E→D→C→B→A→H→G→F[25]。

十二点位置, 0°平焊
A

十点半位置, 45°平焊下向 H　　B　一点半位置, 45°平焊上向

九点位置, 90°下向 G　　C　三点位置, 90°上向

七点半位置, 45°仰焊下向 F　　D　四点半位置, 45°仰焊上向

E(焊接起点, 逆时针, 整圈焊)
六点位置, 0°仰焊

图 4-37　平板焊接位置

　　母材材料 16Mn，尺寸 510mm×100mm，厚度 10mm，60°V 形坡口，未留钝边。钨极为直径φ3.2mm 铈钨极，焊丝直径φ0.8mm，型号为 AWS5.18 ER70S-6。数控脉冲氩弧焊接电源 WSM-400 为直流正接，封底焊接采用脉冲电流，填充、盖面采用连续电流。

　　通过工装角度调整与焊接机头放置方式的配合，实现了对 8 个位置的平板焊接。以图 4-38 为例，工装角度 45°，焊接机头位于工装下面，向上行走为位置 D 焊接，向下行走则为位置 F 焊接，如果焊接机头位于工装上面，则可以进行对位置 B、H 的焊接。

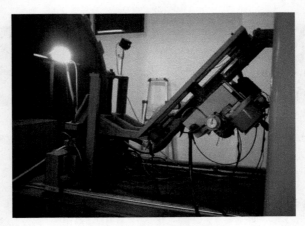

图 4-38　工装位于 45°位置

　　全部 32 种工况的焊接试件按照美国焊接学会 AWS D3.6M:1999 进行了拉伸、冲击、弯曲和微观硬度试验，均达到了 A 类接头的要求，其中图 4-39 和图 4-40 分别为在 0.7MPa 压力下位置 D 焊接试件的正面和背面焊缝，正面焊缝盖面时因

图 4-39　在 0.7MPa 下位置 D 焊接　　　　图 4-40　在 0.7MPa 下位置 D 焊接
　　　　试件正面焊缝　　　　　　　　　　　　试件背面焊缝

舱内环境、保护气管金属管道部分污染的影响产生了一些污点，但清除后不影响其机械性能。在 0.7MPa 压力下位置 D 焊接试件的抗拉强度为 590MPa，−10℃冲击功的 3 次试验数值分别为 100J、40J 和 96J，180°弯曲无裂纹，焊缝金属和热影响区硬度与母材硬度相当，不存在淬硬问题[26-28]。

在 0.7MPa 压力下进行位置 D 焊接时，板材组对间隙为 1.5～2.4mm，行走速度为 6.3～8.3cm/min，焊接电流为 144～180A，弧长为 4.0～5.0mm，滞时 0.1～0.4s，摆幅为 1～10mm，摆速 120～134cm/min，摆动方式为"之"字形，送丝速度为 71～93cm/min，氩气流量为 50L/min。在焊接规范范围内，从封底到盖面，每层焊接选用数值通常逐渐增加。

与常压 TIG 焊不同，高压焊接选用的 152IN 高压减压器出口压力可在 0～1MPa 进行设定，氩气流量远大于常压焊接的氩气流量，否则将产生严重的气孔，如 0.7MPa 压力时需要 50L/min，选用的流量表量程是常规氩气表量程的 2 倍。

板材焊接试验表明，压力对焊接过程有明显影响，通常对于同一位置，随着压力增加，焊接电流适当降低，有利于提高焊接质量。位置对焊接过程的影响主要体现在封底焊接，因为是自由成形，所以对工艺参数的要求比较严格，但采用脉冲电流是可以实现不同压力、不同位置的单面焊双面成形的，而且适当增加送丝速度也有利于成形。以空气作为高压焊接试验内的加压气体，以氩气作为保护气体，可以在 0.7MPa 压力下形成达到美国焊接学会 AWS D3.6M:1999 中 A 类接头要求的焊缝，但要求保护气体流量远大于常压焊接流量。

2. 高压环境管道全位置直流 TIG 焊工艺试验

高压环境管道 TIG 焊工艺试验可以采用两种方式。一种是挪威科技大学 SINTEF 研究所的非全位置焊接方式，因焊枪不需要围绕管道做圆周运动，所以高压试验舱的尺寸紧凑，并通过试验获得了 2.0MPa 压力即 200m 水深条件下的 X70 管道焊缝[29]。

另一种工艺试验方式则是模拟实际海底管道维修，将管道固定，焊接机头围绕管道做圆周运动，也就是全位置焊接。焊接机头从十二点位置引弧，焊接包括封底焊接、填充焊接、盖面焊接的完整过程。管道焊接与平板焊接相同，钨极为直径 ϕ3.2mm 铈钨极，ϕ0.8mm 焊丝、型号 AWS5.18 ER70S-6，数控脉冲氩弧焊接电源 WSM-400 为直流正接，封底焊接采用频率为 3Hz、占空比为 50%的脉冲电流，填充、盖面采用连续电流。管道材料 16Mn，外径为 158mm，壁厚为 15mm，60°V 形坡口，未留钝边。

在 0.7MPa 环境压力下进行管道焊接时，焊接机器人的行走速度为 6.4～

6.8cm/min，焊接电流为 140～160A，弧长为 4.0～5.0mm，滞时为 0.1～0.6s，摆幅为 1～12mm，摆速为 120～150cm/min，摆动方式为"之"字形，送丝速度为 133～150cm/min，氩气流量为 50L/min。封底采用脉冲电流，填充、盖面采用连续电流。在焊接规范范围内，从封底到盖面，每层焊接选用数值逐渐增加。

　　管道机器人焊接如图 4-41 所示，4 个压力级别下的管道焊接试件如图 4-42 所示。全部试件按照美国焊接学会 AWS D3.6M:1999 进行了拉伸、冲击、弯曲和微观硬度试验，均达到了 A 类接头的要求。在 0.7MPa 环境压力下管道焊接试件的抗拉强度为 544MPa，180°弯曲无裂纹，焊缝和热影响区硬度与母材硬度相当，不存在淬硬问题[30]。

图 4-41　管道机器人焊接　　　　　　图 4-42　管道焊接试件

4.3.4　高压环境脉冲 TIG 焊工艺试验

　　近年来，发展了创新的超音频直流脉冲 TIG 焊技术，以目前广泛应用的 API X80 高强管线钢为对象，通过工艺试验，系统研究了焊接参数对焊接过程、焊缝成形和焊缝质量的影响。

　　1. 高压环境下超音频脉冲频率对焊缝宏观形貌的影响

　　进行高压环境中脉冲频率对超音频直流脉冲 TIG 焊缝成形的影响试验时，保证其他焊接参数不变，脉冲频率分别设置为 10kHz、15kHz、20kHz、25kHz 和 30kHz，其他基本焊接参数为基值电流 100A，峰值电流 120A，占空比 10%，焊接速度 0.15m/min。图 4-43 为不同脉冲频率超音频直流脉冲电弧作用于 X80 高强管线钢平板试验时焊缝表面的宏观图像，图 4-43（a）和（b）分别对应脉冲频率分别为 10kHz 和 30kHz 的情况，（1）、（2）、（3）表示压力环境分别为 0.1MPa、0.3MPa 和 0.5MPa。

　　从图 4-43 可以看出，不同脉冲频率下的超音频直流脉冲 TIG 焊缝的宏观形貌

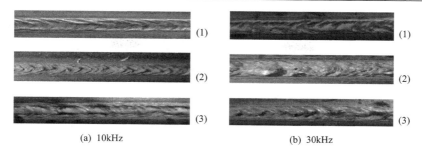

(a) 10kHz　　　　　　　　　　　　(b) 30kHz

图 4-43　不同脉冲频率下焊缝宏观形貌

存在显著差异，随着脉冲频率的提高，电弧对焊接熔池的搅拌作用明显增强，焊缝表面出现不均匀的鱼鳞状波纹。

2. 高压环境下超音频脉冲频率对焊缝成形的影响

进行焊接试验前首先用丙酮将 X80 管线钢母材表面擦拭干净，平板堆焊使用直径为 1.2mm、型号为 ER70-3 的焊丝，保护气体为纯氩气，气体流量为 25L/min，送丝速度为 1m/min，脉冲频率从 10kHz 逐渐增至 35kHz。

从图 4-44 和图 4-45 可以看出，无论是常压还是高达 0.5MPa 的压力环境，超音频直流脉冲 TIG 焊接 X80 高强管线钢成形良好且不存在裂纹、夹渣、未熔合和咬边等缺陷。在相同的压力环境下，随着超音频直流脉冲 TIG 焊脉冲频率的增加，焊缝区熔深增加且熔宽减小。这说明超音频直流脉冲 TIG 焊焊接高强管线钢可以提高脉冲频率，从而有利于焊缝成形。

3. 高压环境下脉冲峰值电流对焊缝成形的影响

从图 4-46 和图 4-47 可以看出，随着焊接峰值电流和环境压力的增加，焊缝的外观成形良好且无飞溅和其他焊接缺陷。不同压力环境下，峰值电流越高，焊缝的熔宽熔深数值越大，余高越小。

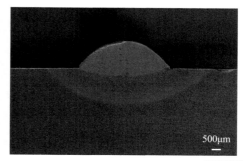

(a) 10kHz　　　　　　　　　　　　(b) 35kHz

图 4-44　常压下不同脉冲频率的平板堆焊焊缝成形图(扫码见彩图)

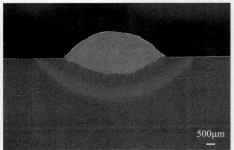

(a) 10kHz　　　　　　　　　　　　　　　　(b) 35kHz

图 4-45　0.5MPa 压力下不同脉冲频率的平板堆焊焊缝成形图(扫码见彩图)

(a) 100A　　　　　　　　　　　　　　　　(b) 180A

图 4-46　常压下不同峰值电流焊丝熔化区的熔宽熔深图

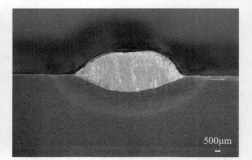

(a) 100A　　　　　　　　　　　　　　　　(b) 180A

图 4-47　0.5MPa 下不同峰值电流焊丝熔化区的熔宽熔深图

4. 高压环境下占空比对焊缝成形的影响

为了研究不同压力环境下占空比对焊缝成形的影响，占空比分别设置为 10%、15%、20%、25% 和 30%，其他焊接参数不变。

从图 4-48 和图 4-49 可以看出，在不同环境压力下改变占空比得到的焊缝成形良好，从表面来看无明显焊接缺陷，通过调整占空比可以有效控制焊接电弧的热输入。

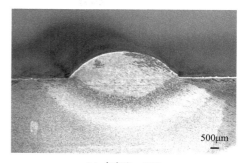

(a) 占空比：10%　　　　　　　　　　　　(b) 占空比：30%

图 4-48　常压下不同占空比的熔宽熔深图

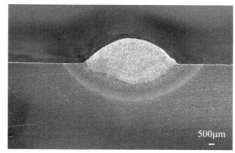

(a) 占空比：10%　　　　　　　　　　　　(b) 占空比：30%

图 4-49　0.5MPa 下不同占空比的熔宽熔深图

5. 高压环境下焊接速度对焊缝成形的影响

为了研究不同压力环境下焊接速度对焊缝成形的影响，基本焊接参数设置为基值电流为 100A，峰值电流为 120A，脉冲频率为 20kHz，占空比 10%，焊接速度分别设置为 20mm/min、23mm/min、25mm/min、30mm/min 和 35mm/min。

从图 4-50 和图 4-51 可以看出，随着焊接速度的不断提高，在不同环境压力下焊缝的成形质量良好，没有出现未熔合、表面裂纹、咬边等缺陷。不同压力下随焊接速度的提高，焊缝的熔宽和熔深均有所减小。

4.3.5　海底管道维修高压环境 TIG 焊

1. 海底管道维修技术方案

采用水下干式高压焊接维修海洋油气管道技术方案如图 4-52 所示。起重机吊住水下的干式舱下潜，在下潜过程中不断地向干式舱内充入高压气体，干式舱到

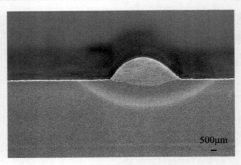

(a) 20mm/min　　　　　　　　　　　　　　　　(b) 35mm/min

图 4-50　常压下不同焊接速度的熔宽熔深图

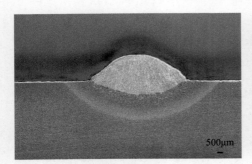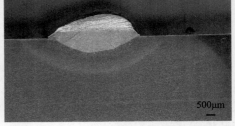

(a) 20mm/min　　　　　　　　　　　　　　　　(b) 35mm/min

图 4-51　0.5MPa 下不同焊接速度的熔宽熔深图

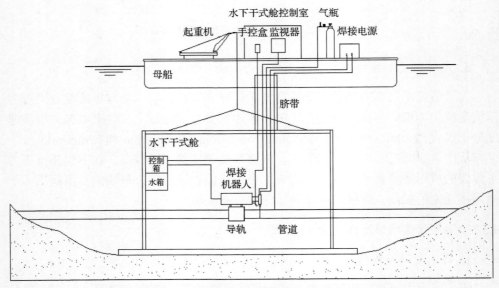

图 4-52　水下干式高压焊接维修海洋油气管道技术方案

位后跨骑在管道上，此时舱内气体压力略大于水深压力，海水从舱内排出，舱壁内外压力平衡，形成干式高压环境。然后，在舱内采用焊接机器人及高压焊接工艺进行管道全位置焊接修复。

用于海底管道维修的焊接机器人采取遥操作方式，焊接电源、气瓶、监视器和手控盒位于母船上面，焊接机器人、控制箱、水箱位于水下干式舱内，水面设备与舱内设备之间通过脐带连接，脐带是包括焊接电缆、信号传输电缆、视频同轴电缆和保护气体气管在内的综合管缆。焊接之前，舱内潜水员将导轨、焊接机器人等安装在管道上，焊接操作由母船上的焊工来完成，焊接机器人上的摄像机将电弧图像传至监视器，焊工通过观察监视器、操作手控盒进行海底管道焊接。

2. 高压环境 TIG 焊海上试验

国家"十五"863 计划项目"水下干式管道维修系统"于 2006 年 11 月 15 日～18 日在渤海湾进行海上试验，其中"水下干式高压焊接"海试的目的是验证遥操作海底管道维修焊接机器人和海底管道高压焊接工艺。

海底管道高压焊接修复作业的模式是将焊接电源、气瓶、焊接电视与手控盒置于支持船舶的甲板之上，焊接机头、控制器、冷却水箱、导轨等封存在水下干式舱内的水密箱内，水下干式舱就位且舱内充气排水到适当位置后，打开水密箱，安装导轨和焊接机头。焊接系统水面部分与水下部分通过脐带供应动力、气体，并传输信号。整个"水下干式管道维修系统"设计了 3 根脐带，即主脐带、焊接动力脐带和焊接控制脐带。

TIG 自动焊机与水下干式舱集成，并于入水前通过码头试验。海试地点是渤海湾天津新港锚地附近，作业水深 12m，潜水员完成焊接机头安装后，撤离水下干式舱待命，焊接过程由船上焊工通过焊接电视和手控盒遥控完成。海试过程如图 4-53～图 4-60 所示[30]。

　　图 4-53　主作业船滨海 105 号　　　　　　图 4-54　焊接机器人

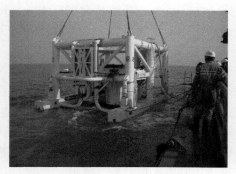

图 4-55　水下干式舱下潜

图 4-56　潜水员安装焊接机头

图 4-57　焊接电弧船上监视

图 4-58　焊接电弧船上监视

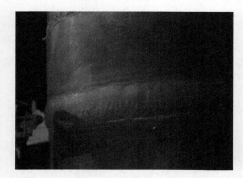

图 4-59　6in 海底管道焊缝

图 4-60　海上试验评审会议

4.4　熔化极气体保护焊及其在深水结构物维修中的应用

4.4.1　MIG 焊及其高压环境行为特征

熔化极气体保护焊简称 MIG 焊，如图 4-61 所示，是采用连续等速送进可熔化焊丝与被焊工件之间的电弧作为热源来熔化焊丝和母材金属，从而形成熔池和焊缝的焊接方法，为了得到良好的焊缝，应利用外加气体作为电弧介质并保护熔滴、熔池金属及焊接区高温金属以免受周围空气的有害作用。

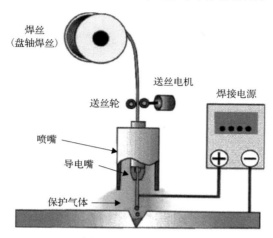

图 4-61 MIG 焊原理

MIG 焊在常压环境中能在较宽的条件范围内进行熔滴过渡。此外，可以采用脉冲电流加强对金属过渡的控制，从而提高焊接过程的稳定性，如图 4-62 所示[3]。

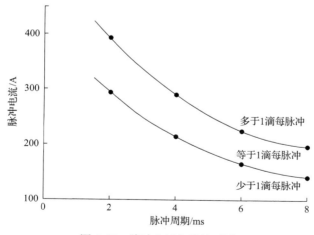

图 4-62 脉冲电流与熔滴过渡

TIG 焊在 3.0MPa 压力下，电弧稳定性显著降低，焊接效率也大幅下降[3]。与 TIG 焊相比，MIG 焊能够适应很高的环境压力，因而在油气勘探开发走向深水的大背景下，已成为极其重要的水下焊接维修方法。从高压环境的电弧行为，到焊接工艺和焊接装备，再到与之相关的工程应用技术，在 20 世纪 90 年代～21 世纪初得到了系统而深入的研究[31-38]。

但是，在高压环境中实施 MIG 焊，也需要解决一些特别的问题。其中，最重要的是随着压力上升，电弧收缩，强电磁驱动的等离子体束堆积在电极上，焊接过程不稳定。弧柱因热量损失增加而收缩，同时弧根也收缩，使电极根部电子发射区域迁移到熔滴表面，弧柱与熔滴、熔池之间的电流密度差增加，促使反向等离子流的强度增加，引起对等离子流的抑制效应，在某个临界压力，正常的射流过渡必然转变为旋转过渡，从而造成飞溅和焊接过程的不稳定，如图 4-63 所示。采用脉冲电流能够促进熔滴过渡，是解决反向等离子流的有效途径，通过脉冲参数的优化可以实现焊接过程的稳定并获得高质量的焊缝[39-44]。

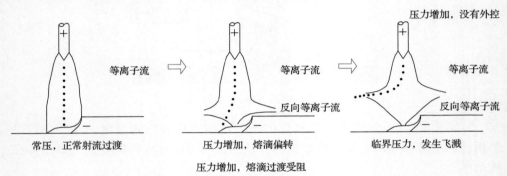

图 4-63　高压环境中熔滴过渡受到阻碍

4.4.2　高压环境脉冲 MIG 焊

1. 高压环境脉冲 MIG 焊的电流电压波形

焊接试验选用材料为 Q345 钢，规格为 500mm×150mm×10mm，试验前对母材进行打磨去锈处理。焊丝牌号为 H08Mn2Si，保护气体为纯氩气。进行脉冲 MIG 焊时，峰值电流为 480A，基值电流为 70A，脉冲频率为 190Hz。采集电流电压波形，并通过 U-I 相图分析压力对焊接过程稳定性的影响。

图 4-64 为 0.1MPa 和 0.6MPa 压力环境下脉冲 MIG 焊的焊接电流和电弧电压波形图。0.1MPa 时，电流电压波形的规律性强，重复性高。随着压力增加，电流波形峰值电流的波动性变大，在熔滴过渡过程中，会出现大滴过渡、短路过渡和一脉多滴等不稳定的过渡形式。而且随着环境压力的增加，出现不稳定过渡的次数也急剧增加，因此焊接过程中将产生更多的焊接烟尘和飞溅。

图 4-65 是与图 4-64 相对应的 U-I 相图。在 0.1MPa 压力下的 U-I 相图中，峰值电流和基值电流的循环过程明显，相图的集中程度非常高，边缘族线清晰。随

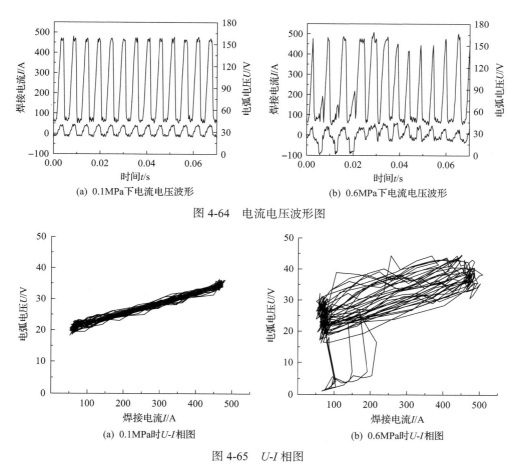

图 4-64　电流电压波形图

图 4-65　*U-I* 相图

着环境压力的增大，*U-I* 相图的集中程度变差，表明焊接过程中的电流电压波动增大，峰值电流和基值电流的循环过程越来越不明显。

2. 高压环境脉冲 MIG 焊的电弧形态和熔滴过渡

图 4-66 分别为 0.1MPa、0.3MPa 和 0.5MPa 下的电弧形态。随着压力增加，电弧弧长明显下降，虽然电弧的形状基本上均保持钟罩形状，但受压缩的影响，电弧的整体尺寸均有所下降。

对于脉冲 MIG 焊，常压环境下稳定的焊接过程是射滴过渡形式。在高压环境下，利用高速摄像系统对熔滴过渡进行详细观察后发现，除了正常的射滴过渡形式，还存在短路过渡、大滴过渡和排斥过渡等多种过渡形式。试验中观察到在 0.5MPa 压力下存在的熔滴过渡形式分别如图 4-67 所示。

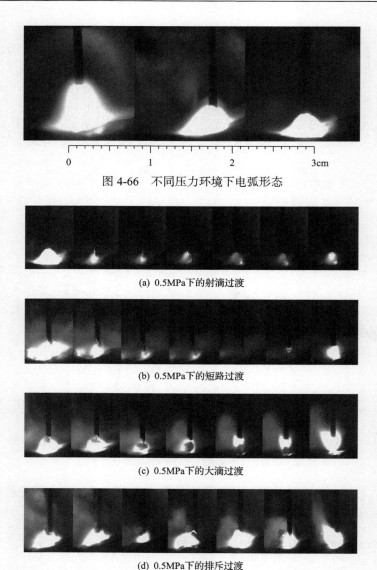

图 4-66　不同压力环境下电弧形态

(a) 0.5MPa 下的射滴过渡

(b) 0.5MPa 下的短路过渡

(c) 0.5MPa 下的大滴过渡

(d) 0.5MPa 下的排斥过渡

图 4-67　0.5MPa 压力下熔滴过渡的高速摄影

3. 高压环境脉冲 MIG 焊的工艺参数优化

工艺参数控制策略的优化主要以脉冲频率、脉冲峰值电流、脉冲基值电流、脉冲电流上升沿、脉冲电流下降沿为主要研究对象，如图 4-68 所示，从而探索高压环境下这些参数对焊接电弧和熔滴过渡过程的影响规律。

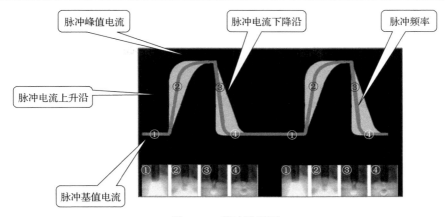

图 4-68　脉冲波形图

①②③④用来标记脉冲波形的不同时刻，高速相机同步拍摄了与这些时刻对应的电弧熔滴过渡图像

1）脉冲频率优化

常压环境下，已经确定的焊接参数是电流为 200A，电压为 28.8V、脉冲频率为 190Hz。高压环境下，以常压下的脉冲频率为基础，以 10Hz 为增幅调节频率，分别在 0.1～0.6MPa 压力环境下进行试验。由于数据量大，只对 0.5MPa 压力下的频率优化试验进行分析。

通过图 4-69 的对比可以发现，在其他条件不变的情况下，0.5MPa 压力环境下将脉冲频率上调到 250Hz，对焊接过程中电弧稳定性和熔滴过渡平稳性的改善比较明显，焊接飞溅小，烟尘少，焊接质量比较好。

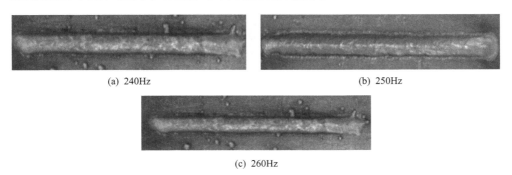

(a) 240Hz　　　　　　　　　　　　　　(b) 250Hz

(c) 260Hz

图 4-69　0.5MPa 频率优化焊缝宏观图

图 4-70 是在 0.5MPa 下脉冲频率优化后的电流电压波形图。从电流电压波形图中可以明显看出，与频率补偿之前相比，虽然焊接电流的峰值还有小范围波动，但波形图的周期性强，波形比较完整，而且在波形图中没有出现电流二次峰值和电压突降的情况。从波形的形状可以明显判断出熔滴过渡为一脉一滴的形式，过渡平稳，表明电弧平稳，焊接过程稳定。

　　与波形图对应，图 4-71 为 0.5MPa 下脉冲频率优化后的 U-I 相图，图中电流电压集中在一定的区域内，与优化之前相比，在基值电流区域内，没有出现电压突降或接近零的情况，电流峰值和基值的转换比较稳定，波形的重复性比较好，焊接过程良好。

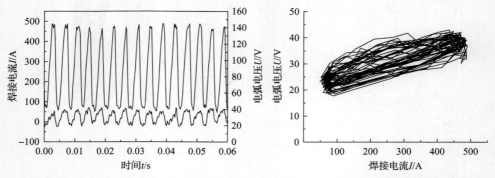

图 4-70　0.5MPa 下频率优化的电流电压波形图　　　　图 4-71　0.5MPa 下频率优化的 U-I 相图

　　图 4-72 为 0.5MPa 下脉冲频率优化后的一次脉冲过程，包括电弧和熔滴的过渡过程。从电弧角度分析，在一个脉冲周期内电弧比较稳定时的电弧形状是类钟罩形状。从图中可以明显看出，优化后电弧之后的熔滴过渡过程为明显的一脉一滴的射滴过渡形式，熔滴尺寸和焊丝直径相差不大。

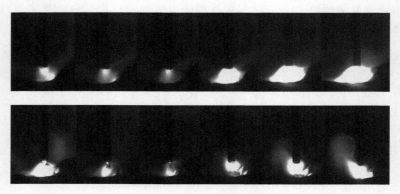

图 4-72　0.5MPa 下频率优化后的熔滴过渡和电弧

2) 峰值电流优化

　　常压环境下焊接的脉冲峰值电流数值为 480A，以此为基础，在 0.5MPa 下以 10A 的涨幅研究不同峰值电流的影响作用。

　　从图 4-73 可以发现，在其他条件不变的情况下，0.5MPa 压力环境下将脉冲峰值电流上调到 520A，对焊接过程中电弧稳定性和熔滴过渡平稳性的改善非常明

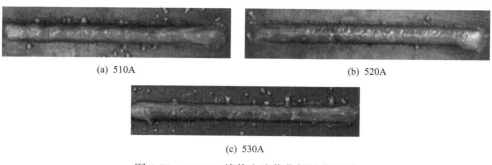

(a) 510A　　　　　　　　　　　　　　(b) 520A

(c) 530A

图 4-73　0.5MPa 峰值电流优化焊缝宏观图

显，焊接飞溅很少，焊接质量明显提高。

峰值电流的提高对焊接质量具有明显的改善作用。如图 4-74 所示，电流电压波形整体上的规律性较强，峰值电流相对比较平稳且持续时间比较均衡。

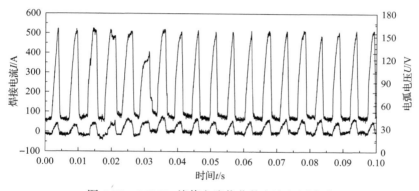

图 4-74　0.5MPa 峰值电流优化的电流电压波形

如图 4-75 所示，通过对脉冲峰值电流相应提高后的 U-I 相图与峰值电流提高之前的比较发现，相图的规律性得到很大改善，峰值电流和基值电流的循环过程明显，相图边缘线簇比较清晰，集中程度较高。

3) 脉冲基值电流优化

常压下与相应焊接条件(焊接电流 200A，焊接电压 28.8V)对应的脉冲基值电流为 70A。0.5MPa 下脉冲基值电流增加到 95A，通过对焊缝宏观图 4-76 的对比可以发现，焊缝成形相对最好，焊缝表面光滑，最重要的是飞溅较小。

从基值电流优化后的电流电压波形图 4-77 可以看出，基值电流的提高对焊接过程具有明显的改善作用。在图 4-77 的焊接过程中，虽然出现了一次不稳定的现象，但电流电压波形整体上的规律性较强。

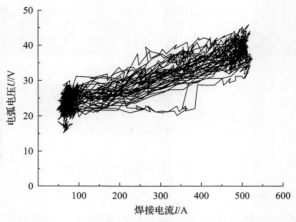

图 4-75　　0.5MPa 下峰值电流优化的 *U-I* 相图

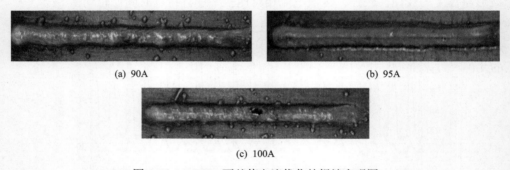

(a) 90A　　　　　　　　　　　　　　　　　　(b) 95A

(c) 100A

图 4-76　　0.5MPa 下基值电流优化的焊缝宏观图

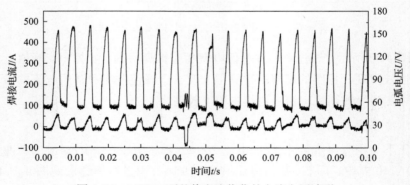

图 4-77　　0.5MPa 下基值电流优化的电流电压波形

　　图 4-78 为基值电流相应提高后的 *U-I* 相图，与基值电流提高之前相比，相图的规律性得到了很大改善，虽然也有少次小电压情况出现，但峰值电流和基值电流总体上的循环过程较明显，相图边缘线族比较清晰，集中程度较高。

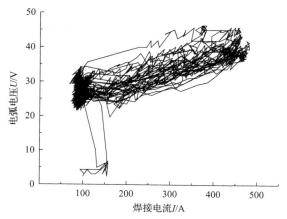

图 4-78　0.5MPa 基值电流提高后的 *U-I* 相图

图 4-79 是 0.5MPa 峰值电流优化之后一个脉冲周期内的电弧情况和熔滴过渡过程。从图中可以明显发现，基值电流优化之后，无论是电弧的稳定性还是电弧的几何尺寸，都得到了明显改善。

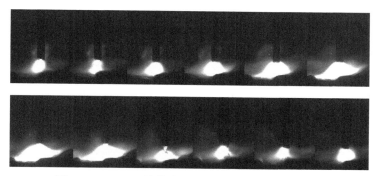

图 4-79　0.5MPa 峰值电流优化后的熔滴过渡和电弧

4. 高压环境脉冲 MIG 焊的焊缝组织

在高压环境中，脉冲峰值电流、脉冲基值电流、脉冲频率等脉冲 MIG 焊参数对焊缝组织都有影响。这里介绍在 0.3MPa 压力下，电弧电压对焊缝组织的影响，如图 4-80 所示。

对比图 4-80 发现，电弧电压为 28.8V 时，焊缝容易出现未熔合现象，这是由于在焊接过程中电弧热量损失过多，焊缝热输入不够。而通过提高焊接过程中的电弧电压，可以有效补偿电弧的热量损失，改善焊缝焊接质量，焊缝熔宽增加，电弧电压提高后焊缝没有出现未熔合现象。

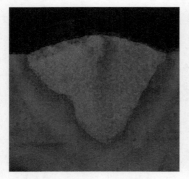

(a) 电弧电压为28.8V的焊缝截面　　　(b) 电弧电压为31.8V的焊缝截面

图 4-80　0.3MPa 下电弧电压改变前后的宏观金相对比

图 4-81(a)和(b)为焊缝区的微观组织，图 4-81(c)和(d)为热影响区的微观组织，其中图 4-81(a)和(c)未经参数优化，而图 4-81(b)和(d)为参数优化后的微观组织。对比图 4-81(a)和(b)可知，在 0.3MPa 环境压力下，提高电弧电压后，焊缝上部组织依然存在少量上贝氏体，沿柱状晶界分布的晶界素体依然很多，晶内存在低碳马氏体，这是由于环境压力的影响，焊缝上表面的冷却速度较快并出现部分低碳马氏体，低碳马氏体能够有效提高焊缝的抗拉强度、塑性和韧性等力学性能，焊缝中部和底部组织是由铁素体和细小渗碳体组成的回火托氏体。分析对比图 4-81(c)和(d)可知，高压环境下脉冲 MIG 焊电弧电压优化前后粗晶区组织的变化不明显，均为粗大的奥氏体组织，奥氏体晶界产生上贝氏体，局部出现魏氏组织，说明焊接接头的冷却速度较快，粗晶区组织较脆硬，钢的力学性能下降。

(a) 电压改变之前焊缝　(b) 电压改变之后焊缝　(c) 电压改变之前热影响区　(d) 电压改变之后热影响区

图 4-81　0.3MPa 下电弧电压改变前后的微观组织对比

5. 高压环境下脉冲 MIG 焊的焊缝力学性能

1) 焊接接头的拉伸强度

在拉伸试验后，观察拉伸试件被拉断后是否在母材断裂，得到的拉伸结果如图 4-82 所示。

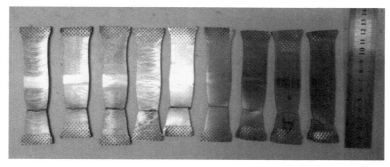

图 4-82　拉伸断裂试样

由图 4-82 可知，焊接接头拉伸试件均在母材位置断裂，拉伸试件均产生一定程度的塑性变形，母材的收缩程度远大于焊缝，说明焊缝的抗拉强度大于母材，拉伸试件合格。

表 4-7 为在不同条件下拉伸试样的拉伸强度结果，表中抗拉强度的数值均为多个试样的算数平均值。其中试样 1~3 分别是在 0.1MPa、0.3MPa 和 0.5MPa 时，采用纯氩气保护，并在参数优化前进行的脉冲 MIG 焊试验。试样 4~7 分别是在 0.3MPa 环境压力下，采用纯氩气保护，并在工艺参数优化后进行的脉冲 MIG 焊试验。由表 4-7 可知，拉伸试样均在母材处断裂，表明 Q345 钢在高压环境下，采用不同工艺参数进行脉冲 MIG 焊接试验时，焊接接头的抗拉强度大于母材的抗拉强度，拉伸强度符合要求。

表 4-7　焊缝金属横向拉伸结果

编号	试样尺寸/(mm×mm)	断裂载荷/N	抗拉强度/MPa	断口位置
1	25.00×4.02	51484	515	母材/脆断
2	25.00×4.00	50620	506	母材/脆断
3	24.98×4.00	49654	497	母材/脆断
4	25.00×4.00	51032	510	母材/脆断
5	24.98×4.03	49665	493	母材/脆断
6	25.08×4.08	50464	493	母材/脆断
7	25.00×4.00	50620	506	母材/脆断

2) 焊接接头的维氏硬度

本节分别在 0.3MPa、0.5MPa 两个环境压力下进行焊接试验，并对两组试样进行维氏硬度试验。电弧电压优化前后焊接接头硬度分布如图 4-83 所示。

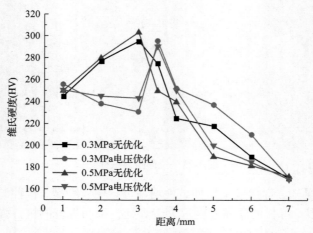

图 4-83　电弧电压优化前后焊接接头硬度分布

由图 4-83 可知，高压环境下，电弧电压优化后焊接接头热影响区的维氏硬度值最高，这是因为电压增大后热影响区范围变大，冷却速度变快，并出现粗大奥氏体晶粒，针状铁素体数量增加，使热影响区的金属硬度提高，热影响区的韧性急剧降低。焊缝韧性的变化规律则与热影响区刚好相反，焊缝因电弧电压的增大在高温区停留了较长时间，焊缝区组织优化，维氏硬度变小，金属韧性增强；脉冲峰值电流优化后焊接接头的维氏硬度分布规律基本没有变化，焊缝靠近熔合线附近的维氏硬度值最大，焊接接头熔合区的维氏硬度值大于热影响区维氏硬度值，焊接母材的维氏硬度最小；提高脉冲基值电流时焊接接头的维氏硬度与参数无优化时相比基本没变化，这是因为本试验中脉冲峰值电流起熔化焊丝、母材的作用，而脉冲基值电流起维弧作用，提前预热母材和焊丝，焊接的热输入比较小，所以对焊接接头微观组织的影响不大；脉冲频率的提高对高压干法脉冲 MIG 焊接接头维氏硬度分布曲线的影响不大，焊接接头的维氏硬度分布规律不变，其维氏硬度有所增加。

4.4.3　高压环境下 MIG 焊外加磁场调控

1. 高压环境下 MIG 焊电弧亮度显著增大

对高压环境下的 MIG 焊电弧进行拍摄，发现随着环境压力的增加，焊接的电弧亮度显著增大，焊接的电弧尺寸逐渐缩小，并且拍摄的高速图像出现过饱和，如图 4-84 所示，该图从左到右的环境压力依次为 0.1MPa、0.3MPa、0.5MPa 和 0.7MPa。

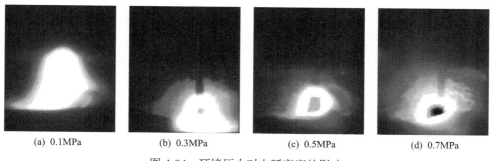

(a) 0.1MPa　　　　　(b) 0.3MPa　　　　　(c) 0.5MPa　　　　　(d) 0.7MPa

图 4-84　环境压力对电弧亮度的影响

在 0.7MPa 环境压力时的过饱和现象最明显，电弧中心最亮处出现黑色区域，该现象是由感光元器件的电子溢出造成的，因此仅通过调整电子快门来改变曝光时间并不能消除过饱和现象。

常压环境时，在高速摄像机镜头前加装一片定值减光片和一片可调减光片。高压环境时，在高速摄像机镜头前端加装两片减光片和一片可调减光片，以增大减光效果，如图 4-85 所示，该图从左到右的环境压力依次为 0.3MPa、0.5MPa 和 0.7MPa。

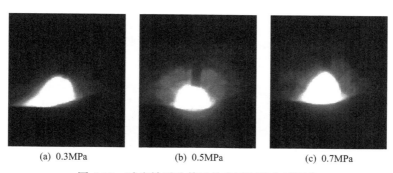

(a) 0.3MPa　　　　　　(b) 0.5MPa　　　　　　(c) 0.7MPa

图 4-85　减光效果改善后的高压环境电弧图像

2. 高压环境下阴极等离子射流阻碍熔滴过渡

0.3MPa 压力下已经能够观察到阴极等离子射流对熔滴过渡的阻碍，当压力提升到 0.5MPa 后，阻碍更加明显，但脉冲 MIG 焊仍能够成功实施。

环境压力升高到 0.7MPa 以后，脉冲 MIG 焊的电弧弧长非常短，进一步提高平均电压对增大电弧弧长并不明显。图 4-86 为在 0.7MPa 压力环境下，平均电流 100A，平均电压分别为 29V 和 29.2V 时电弧维持阶段的图像。从图中可以看到，对于平均电压的微调并没有像常压及 0.3MPa、0.5MPa 压力环境下微调平均电压对弧长的改变明显。这进一步表明在 0.7MPa 时焊接过程始终存在弧长过短的问题。

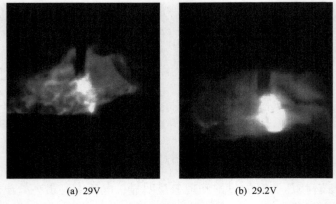

(a) 29V　　　　　　　　　(b) 29.2V

图 4-86　0.7MPa 压力下电压弧长对比

3. 外加纵向磁场改善高压环境 MIG 焊熔滴过渡

外加纵向磁场应用于脉冲高压 MIG 焊过程的试验，压力为 0.7MPa，该压力是在试验压力范围内焊接过程中稳定性最差的压力。试验采用的平均焊接电流为100A，外加纵向磁场强度为200Oe，图 4-87 为焊接过程的电信号波形图及其同步高速图像。从同步图像中可以看到，脉冲开始前阴极斑点产生的等离子射流非常微弱，基本集中在熔池表面很小的区域内，这与无外加磁场时维弧阶段强烈的阴极射流形成了较大差异[24]。

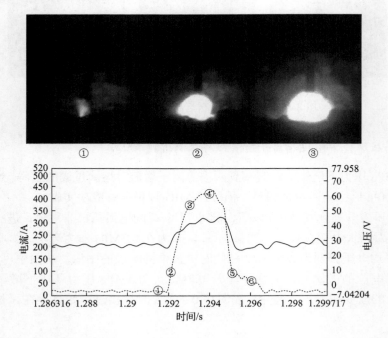

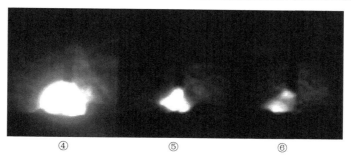

图 4-87 焊接过程电信号波形图及同步图像

无外加磁场时的脉冲上升阶段通常会出现较强烈的阴极射流，虽然这种反向等离子流的流向与阳极等离子流并不冲突，但还是会在熔滴下落至接近熔池时对熔滴的下落速度产生一定影响。而外加纵向磁场后，如图 4-87 中第二幅高速图像所示，在脉冲上升阶段并未出现反向等离子流，整个脉冲阶段的电弧形态较稳定，熔滴在脉冲结束前完成过渡，脉冲结束后，阴极射流仍良好地集中在阴极斑点表面，未对焊丝端部的金属熔滴形成反向推力作用。

图 4-88 为同一焊接过程的电弧电阻波形图，计算得到峰值阶段单位弧长的平均电阻约为 $31.25\Omega/m$，比相同工艺参数下无外加磁场时的平均电阻高，电弧电阻升高的部分原因是外加纵向磁场对焊接电弧阴极等离子流的抑制使电弧的导电能力下降。

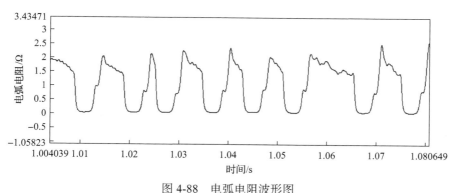

图 4-88 电弧电阻波形图

4.4.4 高压环境 MIG 焊外加激光调控

1. 激光增强熔滴过渡的受力分析

在传统 MIG 焊时，作用于熔滴的主要作用力包括重力、电磁力（洛伦兹力）、气动阻力、表面张力、动量力。

与传统 MIG 焊相似，对激光辅助 MIG 中的各种力进行初步分析的理论为平衡状态理论。

重力可用公式表示为

$$F_{\mathrm{g}} = m_{\mathrm{d}}g = \frac{4}{3}\pi r_{\mathrm{d}}^3 \rho g \tag{4-2}$$

式中，m_{d} 为熔滴质量；r_{d} 为熔滴半径；ρ 为熔滴密度；g 为重力加速度。

表面张力可用公式表示为

$$F_{\sigma} = 2\pi R\sigma \tag{4-3}$$

式中，R 为电极半径；σ 为表面张力系数。

气动阻力可用公式表达为

$$F_{\mathrm{d}} = \frac{1}{2}C_{\mathrm{d}}A_{\mathrm{d}}\rho_{\mathrm{p}}v_{\mathrm{p}}^2 \tag{4-4}$$

式中，C_{d} 为气动阻力系数；A_{d} 为熔滴的横截面积；ρ_{p} 为等离子体的密度；v_{p} 为等离子体的流体速度。

动量力 F_{m} 可用公式表示为

$$F_{\mathrm{m}} = v_{\mathrm{e}}m_{\mathrm{d}} \tag{4-5}$$

式中，v_{e} 为送丝速度；m_{d} 为熔滴质量。

电磁力 F_{em} 可用公式表示为

$$F_{\mathrm{em}} = \frac{\mu_0 I^2}{4\pi}\left(\frac{1}{2} + \ln\frac{r_{\mathrm{i}}}{r_{\mathrm{u}}}\right) \tag{4-6}$$

式中，μ_0 为磁介电常数；I 为焊接电流；r_{i} 为电流通路的出口半径；r_{u} 为电流通路的入口半径，r_{i} 和 r_{u} 与熔滴状态相关。在熔滴过渡之前，r_{i} 同焊丝的半径是一样的，所以是一个常数。然而，一旦熔滴过渡之后，r_{i} 减小。在传统 MIG 焊过程中，促使熔滴脱离的力是重力 F_{g}、电磁力 F_{em} 和动量力 F_{m}，保持熔滴黏附在焊丝尖端的力是表面张力 F_{σ}、反向等离子流形成的气动阻力 F_{d}，熔滴平衡的条件用式(4-7)描述：

$$F_{\mathrm{T}} = F_{\mathrm{g}} + F_{\mathrm{d}} + F_{\mathrm{m}} + F_{\mathrm{em}} \tag{4-7}$$

式中，各变量均为矢量。从式(4-2)～式(4-7)可以看出，在熔滴过渡的过程中，影响分离力的主要变量是熔滴质量。因为表面张力是主要保持力，如果焊丝直径和焊接参数不变，那么表面张力基本固定。此时，熔滴只能通过以下力被分离：①等待熔滴生长成一个更大的尺寸，直至重力足以打破平衡；②等待熔滴接触熔池，这样就多了一个额外的分离力——熔滴和熔池的表面张力；③增加当前的电磁力。但由于上述方式均不太理想，所以本研究通过引入激光来增加分离力，并通过调节激光功率密度来控制辅助分离力，从而控制熔滴在一定的电流基础上过渡。

对于激光增强 MIG 焊的熔滴过渡是多个力共同作用于熔滴的结果，如图 4-89 所示，除常规 MIG 焊中的重力 F_g、表面张力 F_σ、电磁力 F_{em}、等离子流力 F_p 外，在水下压力环境下还受反向等离子流力 F_d 的作用，当用激光照射金属熔滴，还会产生一个辐射压力和一个反冲压力 F_r。图 4-89 中黑色箭头的方向代表力的方向，箭头向下的为分离力，向上的为保留力。液滴的几何形状由这些力通过静力平衡确定。熔滴在分离前，分离力和保留力是平衡的。对于平焊位置而言，重力、电磁力、等离子流力、反冲压力通常有助于熔滴过渡，而表面张力、压力环境下的反向等离子流力则阻碍熔滴过渡。

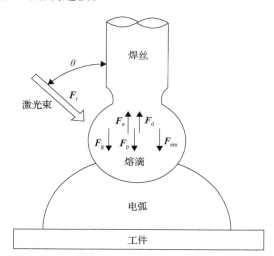

图 4-89　激光辅助熔滴过渡原理图

反冲压力可以作为一个辅助分离力，弥补因相对小电流而缺少的电磁力来使熔滴分离，但与激光复合焊接过程不同，其与激光相关的额外热量与焊接所用的电弧热量相比是可以忽略的，激光辅助熔滴过渡并不会提供更多的热量来加速焊丝的熔化速度。同时，可以通过控制激光束的功率密度等参数来控制熔滴过渡的状态和熔滴尺寸。连续波形激光的辐射压力作用在一个宏观物体的表面可用公式表达为

$$P = I(1+R)/C \tag{4-8}$$

式中，P 为辐射压力；C 为光的速度；R 为被照表面的反射率；I 为光的强度。然而，辐射压力相比于反冲压力是微不足道的。例如，对于激光功率为 100W，斑点为 1mm，R 为 0.8 来说，辐射压力可根据公式(4-8)得出为 10^{-7}N，这时熔滴过渡需要克服的表面张力为 $4×10^{-3}$N。

在强激光蒸发时，作用在基板的反冲压力为

$$P_r = AB_0 T_s^{-1/2} \exp(-U/T_s) \tag{4-9}$$

式中，A 为数值系数；B_0 为蒸发常数；T_s 为表面温度；

$$U = M_a L_v / (N_A k_B)$$

其中，M_a 为原子质量；L_v 为蒸发潜热；N_A 为阿伏伽德罗常数；k_B 为玻尔兹曼常数。这个公式简化后可得到另一个公式，即

$$P_r = (P/A)^2 / \rho E \tag{4-10}$$

式中，P/A 为激光功率谱密度；ρ 为蒸汽密度；E 为蒸发 1kg 金属所需能量。根据以往研究表明，当激光强度约为 $3×10^6$W/cm^2 时的反冲压力约为 10^7Pa。

在激光辅助 GMAW 中，由于 $F_t = F_g + F_d + F_m + F_{em} + F_{recoilforce}$，所以增加的激光束使 F_t 变得更大。使用激光的功率强度大约为 $5.21×10^3$W/cm^2（824W 除以激光的光斑面积 15.82mm^2），此时反冲压力至少在 10^3Pa。作用于熔滴表面的激光束面积大约为 10^{-6}m^2。在这种情况下，激光束产生的反冲力大约为 10^{-3}N，这同上面提到的熔滴过渡的力是一个量级。

综上可知，激光照射熔化极，对熔化极产生一个沿激光照射方向向下的反冲力，同时金属蒸汽大量快速蒸发，带走了 70%～90%的激光能量，只剩下极少部分通过熔滴的热传导进入熔池。因此，在激光增强焊中，熔滴局部过热，但整体温度变化不大，激光对母材的热输入可忽略不计，主要表现在对熔滴过渡力的作用。

由于激光反冲力与重力处于同一个数量级，所以若要实现激光对熔滴过渡的控制作用，需增加激光功率密度，并采取相应措施，在提供辅助分离力的同时，降低表面张力。

2. 高压环境下激光增强 MIG 焊熔滴过渡

高压环境下激光增强 MIG 焊焊接试验需要考虑许多影响因素，现在分别以表压为 0.3MPa、0.6MPa 高压环境下的激光增强 MIG 焊接为例进行工艺试验，进而分析高压环境下激光对熔滴过渡的影响，并进一步探讨实现激光精确控制熔滴过渡的策略。

在 0.3MPa 的高压环境进行 A、B 两组对比试验，焊接参数如表 4-8 所示。通

过对熔滴过渡图像、电流电压波形曲线的观察，分析激光对熔滴过渡控制与焊接过程稳定性的影响。

表 4-8　0.3MPa 激光增强 MIG 焊焊接参数

组别	设定电流 /A	设定电压 /V	焊接方向	激光功率 /kW	激光脉冲频率	焊接速度 /(cm/min)	压力 /MPa
A	150	32	Y+	0	0	30	0.3
B	150	32	Y+	4	峰值 30ms，基值 30ms	30	0.3

A 组焊接试验的平均电流为 114.9A，平均电压为 28.3V，熔滴过渡频率为 10Hz，熔滴过渡图片、电流电压波形及 *U-I* 图分别如图 4-90 和图 4-91 所示。此时，过渡

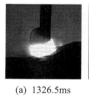

(a) 1326.5ms　　(b) 1340.5ms　　(c) 1362.5ms　　(d) 1365ms　　(e) 1455ms　　(f) 1656.5ms

图 4-90　A 组熔滴过渡的高速摄像图片

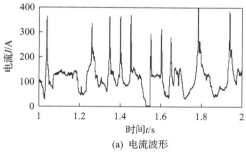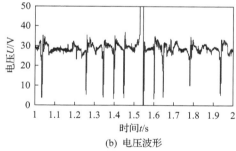

(a) 电流波形　　　　　　　　　　　　　　(b) 电压波形

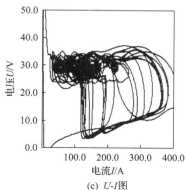

(c) *U-I* 图

图 4-91　A 组电流电压波形及 *U-I* 图

　　方式为短路过渡，*U-I* 图中的曲线重复性差，表明熔滴过渡过程的差异性大，焊接过程不稳定。高压环境下，电弧排斥力抑制熔滴过渡，熔滴重心上扬，长时间处于漂浮状态，但同时电弧受到挤压，弧柱变短，熔池高度增加，熔滴过渡的电弧空间变短，熔滴与熔池接触的机会增多，但熔滴尺寸不均匀，此外过渡频率与熔池涌动程度、熔池高度也有关，具有较强的随机性。

　　B 组焊接试验施加了一定频率的脉冲激光，在一个脉冲周期内，峰值时间为30ms，基值时间为30ms。焊接平均电流为 94.4A，平均电压为 28.7V，熔滴过渡频率为 7.5Hz，低于相同设定电参数下的高压 MIG 焊，熔滴过渡图片、电流电压波形及 *U-I* 图分别如图 4-92 和图 4-93 所示。

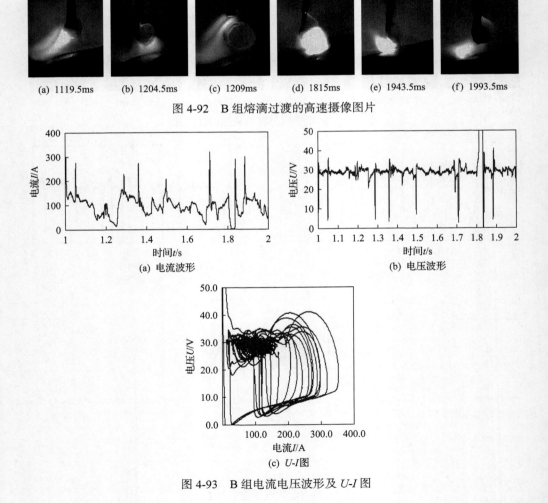

(a) 1119.5ms　(b) 1204.5ms　(c) 1209ms　(d) 1815ms　(e) 1943.5ms　(f) 1993.5ms

图 4-92　B 组熔滴过渡的高速摄像图片

(a) 电流波形　　(b) 电压波形　　(c) *U-I*图

图 4-93　B 组电流电压波形及 *U-I* 图

在激光增强焊接试验中，需要调整激光作用的位置，使激光焦点照射在焊丝的固液交界处。然而在高压环境下，电弧形状不稳定，熔滴在电弧排斥力的作用下，易沿送丝速度相反方向运动并漂浮悬挂于焊丝一侧，从而使焊丝固液交界处的位置发生变化，激光定位较困难。因此，为了增加试验的可操作性，将激光辐射位置提高，使激光直射在焊丝端部并略高于熔滴。焊丝在激光的热作用下形成缩颈。但是，熔滴在电弧排斥力的作用下向上摆动，在表面张力的作用下与缩颈位置的液体金属汇合并填充缩颈，如图 4-92 中 1943.5～1993.5ms 所示，宏观表现为熔滴位置上移，电压略有增加，熔滴悬挂于焊丝末端，电弧在熔滴底部铺展并偏向熔滴一侧，此时熔滴过渡变得更加困难。

在 0.3MPa 压力环境下，对焊丝末端施加脉冲激光后，熔滴过渡频率减小，熔滴过渡形式并未发生变化，仍是短路过渡，在焊接过程中偶尔会产生大滴过渡，但不受激光脉冲频率的控制。

因此，若实现 0.3MPa 压力下的激光增强熔滴过渡，并对熔滴过渡的尺寸和频率加以控制，仅利用激光产生反冲力是很难实现的，因为反冲力过小，不足以平衡向上的电弧排斥力和因熔滴上移与焊丝紧密贴合而增加的表面张力。理论上合理调节激光频率与占空比、增加激光功率密度是可以提高激光反冲力的，但考虑大功率激光器的造价高，故仅通过单一提高激光功率实现对熔滴过渡的控制是不可取的，需在激光作用的同时联合其他辅助手段，如使用脉动送丝或选用脉冲焊，合理调节电流的脉冲频率，激荡焊丝端部的熔滴振动，使熔滴具有沿轴线方向向下的冲量，从而平衡电弧排斥力，在此基础上才有可能实现在 0.3MPa 高压环境下激光对熔滴过渡的控制。

在 0.6MPa 的高压环境中进行 C、D 两组压力试验采用的工艺参数如表 4-9 所示，通过对熔滴过渡图像、电流电压波形曲线的观察，分析激光对熔滴过渡控制与焊接过程稳定性的影响。

表 4-9　0.6MPa 激光增强 MIG 焊焊接参数

组别	设定电流/A	设定电压/V	焊接方向	激光功率/kW	激光脉冲频率	焊接速度/(cm/min)	压力/MPa
C	150	32	Y+	0	0	50	0.6
D	150	32	Y+	4	峰值 50ms，基值 50ms	50	0.6

C 组试验的熔滴过渡频率为 5Hz，焊接平均电流为 107.5A，平均电压为 27.8V，熔滴过渡图片、电流电压波形及 U-I 图分别如图 4-94 和图 4-95 所示。通过观察发现，电弧排斥力抑制熔滴过渡，熔滴始终悬挂于焊丝轴线一侧。送丝机持续向下送丝，熔滴在表面张力的带动下向下行进，强烈挤压电弧，使电弧偏向熔滴一侧，当熔滴与熔池接触时，熔滴与熔池汇合并在熔池中铺展，短路电流产生的电磁收

缩力产生缩颈，缩颈汽化破裂完成短路过渡。在 0.6MPa 高压环境下，短路过渡是熔滴在表面张力带动下实现过渡的基本形式。

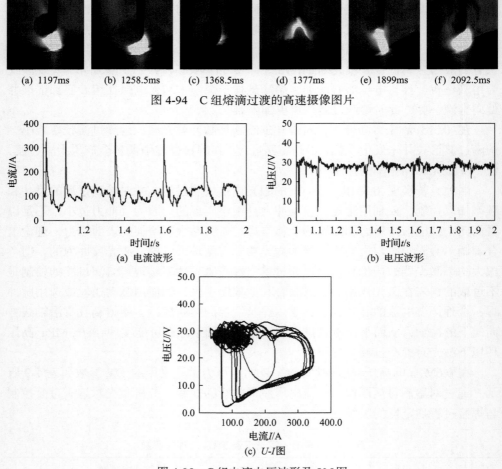

| (a) 1197ms | (b) 1258.5ms | (c) 1368.5ms | (d) 1377ms | (e) 1899ms | (f) 2092.5ms |

图 4-94　C 组熔滴过渡的高速摄像图片

(a) 电流波形

(b) 电压波形

(c) U-I 图

图 4-95　C 组电流电压波形及 U-I 图

D 组焊接试验施加了一定频率的脉冲激光，在一个脉冲周期内，峰值时间为 50ms，基值时间为 50ms。焊接平均电流为 95.6A，平均电压为 28.3V，熔滴过渡频率为 10Hz，熔滴过渡图片、电流电压波形及 U-I 图分别如图 4-96 和图 4-97 所示。与 0.3MPa 压力下的激光增强焊试验不同，D 组试验中的激光改变了熔滴过渡的频率和过渡形式。激光作用点距熔滴较远，使熔滴脱离焊丝后的电弧长度较长，阳极截面积小于阴极截面积，电弧呈圆台形。与常规高压 MIG 焊相比，过渡频率增加，过渡形式由短路过渡变为大滴过渡，在电弧笼罩下沿焊丝轴线过渡到熔池，具有良好的方向性。

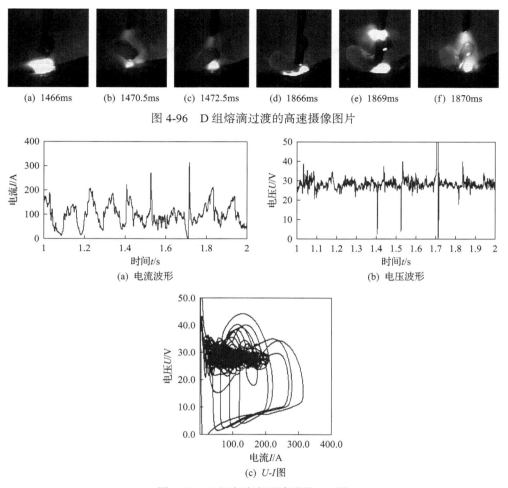

(a) 1466ms　(b) 1470.5ms　(c) 1472.5ms　(d) 1866ms　(e) 1869ms　(f) 1870ms

图 4-96　D 组熔滴过渡的高速摄像图片

(a) 电流波形

(b) 电压波形

(c) U-I 图

图 4-97　D 组电流电压波形及 U-I 图

对激光作用下的 0.6MPa 高压 MIG 焊熔滴进行受力分析，如图 4-98 所示。电弧被压缩在熔滴下方，其中，F_m 表示熔滴受到的电弧排斥力，F_g 为熔滴重力，合力方向向左使熔滴飞离熔池，但在表面张力 F_σ 的拖拽下，熔滴保持在焊丝左侧，

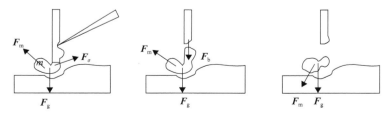

图 4-98　D 组熔滴过渡过程受力分析

重心上扬，处于漂浮悬空状态，无法与焊丝分离。当激光作用于焊丝右侧某一点，热能使焊丝熔化、液体金属汽化蒸发，在焊丝上产生"凹坑"，辐射面积扩大造成熔化的焊丝产生缩颈现象，当缩颈汽化爆破时，在熔滴上下均产生电弧，如图 4-96(c) 第 1869ms 所示，熔滴上方的电弧对熔滴产生向下的爆破力 F_b，促进熔滴过渡。熔滴分离焊丝后，弧柱被拉长，熔滴在圆台形弧柱的笼罩下自由过渡并汇入熔池，如第 1470.5ms、第 1472.5m、第 1870ms 所示，熔滴过渡方向沿焊丝轴线，但尺寸与形状的差异性较大。激光改变了熔滴的过渡方式与频率，但对于功率为 4kW，光斑直径为 1mm 的脉冲激光，要实现高压环境下激光脉冲频率对熔滴过渡频率与尺寸的完全控制仍具有一定难度。

4.4.5　深水结构物维修高压环境 MIG 焊

1. 水深对结构物焊接维修技术选择的影响

如表 4-10 所示，在进行水下结构物维修时，水深对于潜水技术、焊接技术的选择具有决定性影响。当水深超过 500m 时，TIG 焊接不再适用，此时 MIG 焊因安全性好等诸多优点成为深水结构物维修的重要焊接方法。

表 4-10　水深与潜水技术、焊接技术之间的关系

水深/m	潜水技术	焊接技术
50 米以浅	空气潜水极限	手工焊接作业
180	挪威危险极限	手工焊接或 TIG 轨道式焊接
300	混合气体饱和潜水	TIG 轨道式焊接系统
500	饱和潜水极限	TIG 焊接极限
600 米以深	无潜水员系统	MIG 焊与 PAW 焊

2. 深水高压环境 MIG 焊

高压 MIG 焊要求控制系统具有很高的灵活性和响应能力。克尔菲尔德大学 (Cranfield University) 开发的系统使用通用 PC 作为用户界面确定操作参数，通过对模拟电流的实时控制来优化响应，并能以 0.1ms 的间隔改变电源的静态和动态特性。与控制系统相连的特定 MIG 焊电源系统在 180V 的最大电压时可提供 450A、最大值为 500A/ms 的电流变化率。

克尔菲尔德大学在相当于 2500m 水深的压力下控制金属过渡的实验室试验虽然有些困难，但并没有遇到明显的阻碍。使用较细的焊丝，如直径为 0.8mm 的焊丝，可以更好地稳定焊接过程。针对壁厚 29mm 的 API X65 管线钢进行了高压 MIG 焊，图 4-99 和图 4-100 分别是在 16MPa 和 25MPa 压力下的焊缝截面。

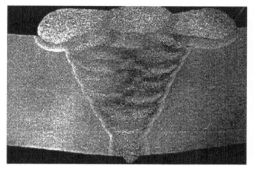
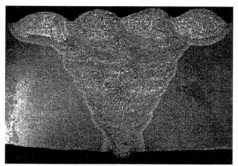

图 4-99　16MPa 下 MIG 焊焊缝截面　　　　　图 4-100　25MPa 下 MIG 焊焊缝截面

4.5　等离子弧及其高压环境切割技术

4.5.1　等离子弧及其高压环境行为特征

如图 4-101 所示,等离子弧是利用等离子枪将钨极和工件之间的自由电弧压缩成高温、高电离度、高能量密度及高焰流速度的电弧。通过改变电流、孔口直径、等离子气体流量、电极与孔口的相对位置等措施,等离子弧束可以产生更宽范围的操作特征。在对一定厚度范围内的金属进行焊接时,适当地配合电流、离子气流及焊接速度三个工艺参数,等离子弧将穿透整个工件厚度,形成一个贯穿工件的小孔,此时等离子弧束焊缝成形与电子束焊或激光焊相同。

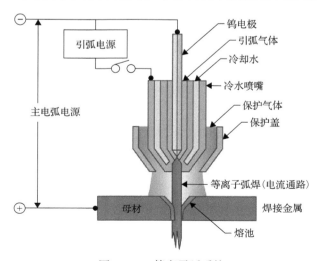

图 4-101　等离子弧系统

　　在高压环境中，等离子焊枪孔口上部增压室的形状对等离子弧的焊接特征具有显著影响，对电流的研究可用来优化焊枪的几何形状，即通过减小焊枪尺寸以方便应用。对于等离子焊接而言，为陆上应用设计的设备不经过改造是不能在高压环境中使用的。等离子弧焊的特点之一是电压可能非常高，尤其是当弧束受控程度增加，电压急剧上升，此时有可能超过效果相当的非受控状态时的好几倍。为了获得良好的过程稳定性，要求电源提供的电压远超过手工操作电压，因而从安全的重要意义来考虑，该方法不适用手工焊接。

　　等离子弧焊电压与环境压力之间的关系基本上是绝对压力的平方根关系，其下降沿部分仅占整个电压的一小部分。具体的等离子弧束行为取决于经过孔口的等离子气体的质量流量比，其数值大致与环境压力的平方根成比例。电压通常随等离子气体流速及自由弧长的增加而线性增加。此外，电压还与孔口直径的平方根大致成反比关系，等离子弧与 TIG 电弧相比，电压随焊接电流变化而变化的幅度更大。等离子弧焊采用优化的混合气体和流量，因此小孔焊接模式在高压环境中是可以实现的。图 4-102 是克尔菲尔德大学完成的 16MPa 等离子弧焊缝截面。

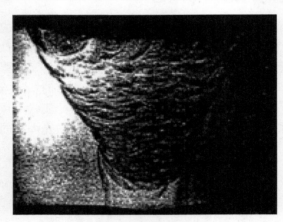

图 4-102　16MPa 等离子弧焊缝截面

4.5.2　高压环境等离子弧温度场的数值模拟

1. 高压环境等离子弧磁流体动力学控制方程

　　等离子弧束是高温、高速、大梯度的复杂磁流体，根据磁流体动力学理论，采用纳维-斯托克斯方程组、能量守恒方程、麦克斯韦方程组作为控制方程，气体压力 P 的影响可体现在纳维-斯托克斯方程组的轴向动量方程式(4-12)、径向动量方程式(4-13)中。利用 Fluent 软件进行数值仿真时，除正确设置边界条件外，还需要注意选择合适的湍流模型，并考虑空气等离子体的物性参数随温度变化的特点[45]。

1) 纳维-斯托克斯方程组

质量连续性方程：

$$\frac{1}{r}\frac{\partial}{\partial r}(\rho r u) + \frac{\partial(\rho v)}{\partial z} = 0 \tag{4-11}$$

轴向动量方程：

$$\frac{1}{r}\frac{\partial}{\partial r}(\rho r v u) + \frac{\partial}{\partial z}(\rho u^2) = -\frac{\partial p}{\partial z} + 2\frac{\partial}{\partial z}\left(\mu\frac{\partial u}{\partial z}\right) + \frac{1}{r}\frac{\partial}{\partial r}\left(\mu r\frac{\partial u}{\partial r}\right) + \frac{1}{r}\frac{\partial}{\partial r}\left(\mu r\frac{\partial v}{\partial z}\right) + J_r B_\theta \tag{4-12}$$

径向动量方程：

$$\frac{1}{r}\frac{\partial}{\partial z}(\rho v u) = \frac{\partial P}{\partial r} + \frac{\partial}{\partial z}\left(\mu\frac{\partial v}{\partial z}\right) + \frac{2}{r}\frac{\partial}{\partial r}\left(\mu r\frac{\partial v}{\partial r}\right) + \frac{\partial}{\partial z}\left(\mu\frac{\partial u}{\partial z}\right) - \frac{2\mu v}{r^2} - J_z B_\theta \tag{4-13}$$

2) 能量守恒方程

$$\frac{\partial}{\partial z}(\rho u C_p T) + \frac{\partial}{\partial r}(\rho v C_p T) = \frac{\partial}{\partial z}\left(k\frac{\partial T}{\partial z}\right) + \frac{1}{r}\frac{\partial}{\partial r}\left(kr\frac{\partial T}{\partial r}\right) + \frac{J_z^2 + J_r^2}{\sigma}$$
$$- S_r + \frac{5}{2}\frac{k_B}{e}\left(J_z\frac{\partial T}{\partial z} + J_r\frac{\partial T}{\partial r}\right) \tag{4-14}$$

3) 麦克斯韦方程组

电流连续性方程：

$$\frac{1}{r}\frac{\partial}{\partial r}\left(\sigma r\frac{\partial \Phi}{\partial r}\right) + \frac{\partial}{\partial z}\left(\sigma\frac{\partial \Phi}{\partial z}\right) = 0 \tag{4-15}$$

欧姆定律：

$$J_r = -\sigma\frac{\partial \Phi}{\partial r}, \quad J_z = -\sigma\frac{\partial \Phi}{\partial z} \tag{4-16}$$

安培环路定律：

$$B_\theta = \frac{\mu_0}{r}\int_0^r J_z r \mathrm{d}r \tag{4-17}$$

式(4-11)～式(4-16)中，r 为径向距离；u 为轴向 z 的速度；v 为径向 r 的速度；P

为静压力；ρ 为空气密度；μ 为空气动力黏度系数；C_p 为空气定压比热容；k 为空气的导热系数；σ 为空气的电导率；Φ 为电势；T 为温度；J_r 为径向电流密度；J_z 为轴向电流密度；B_θ 为自感应磁场；μ_0 为真空磁导率；S_r 为径向方向上的源项；k_B 为玻尔兹曼常数；e 为比内能，即单位质量物质的内能。

2. 高压环境等离子弧温度场的 Fluent 数值模拟

等离子弧割枪建模如图 4-103 所示，图 4-103（a）是 P80 割枪实物，图 4-103（b）和图 4-103（c）分别是其几何模型及网格划分。该模型在 Fluent 软件中建立二维轴对称几何模型，划分后的网格数量为 374958 个。

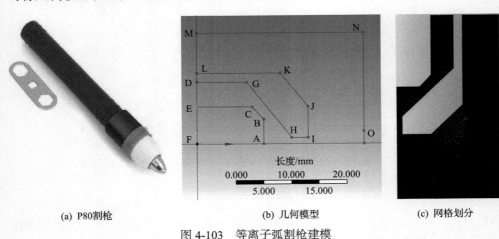

(a) P80 割枪　　　　　　　(b) 几何模型　　　　　　　(c) 网格划分

图 4-103　等离子弧割枪建模

根据磁流体动力学理论，采用纳维-斯托克斯方程组、能量守恒方程、麦克斯韦方程组作为控制方程对等离子弧束的温度场和流速场进行数值仿真。等离子弧束伴随湍流，在 Fluent 软件中的 6 种湍流模型中选择与激光测试结果吻合精度较高的低雷诺数 k-ε 模型作为湍流计算模型。

在进行边界条件设置时，考虑等离子电弧模型是轴对称模型，AF 为其对称轴。阴极区域电弧温度边界设为 3500K，电流密度可用公式（4-18）求得。空气入口边界 DE 的温度为 300K，电流密度为 0A/m²，压力比环境压力稍大，为 10^5Pa+100Pa。出口边界 GC 的温度为 3000K，电流密度为 0A/m²，压力与环境压力相等，为 10^5Pa。阳极区域温度为 1000K，电流密度为 0A/m²，电势为 0V。与 0MPa 工况相比，进行高气压工况仿真时，只需调整相应的压力条件即可。

$$j_0 = \frac{I}{\pi R_c^2} \tag{4-18}$$

式中，j_0 为电流密度；I 为焊接电流；R_c 为钨极横截面半径。

采用 Fluent 软件进行高压等离子弧束温度场的数值仿真，输入空气等离子体的物性参数，包括比热容、导电率、动力黏滞系数、密度、导热率、体积热辐射密度。仿真时输入的这 6 个参数均是 30000K 以内的，其中比热、导电率随温度的变化曲线分别如图 4-104 和图 4-105 所示。因为电弧的最高温度一般不超过 30000K，所以输入参数满足有限元分析的需要。

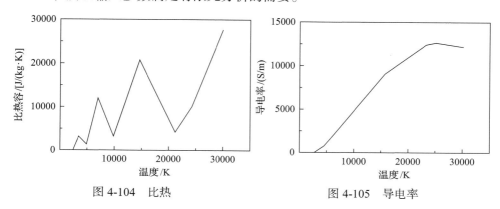

图 4-104　比热　　　　　　　　　　图 4-105　导电率

模拟环境压力分别为 0MPa、0.1MPa、0.2MPa、0.3MPa、0.4MPa 下的空气等离子弧束，工作电流分别设置为 60A、80A、100A。其中，80A 电流的数值模拟结果如图 4-106 所示，最高温度的变化趋势如图 4-107 所示。数值模拟表明，温度场中的最高温度随环境压力的增加而降低，以 80A 电流为例，0MPa 电弧的最高温度为 17400K，0.4MPa 电弧的最高温度下降到 13800K，这是由于压力的增加，空气等离子体的热辐射增加，电弧与外界空气的热交换显著增加，所以电弧整体的温度下降。

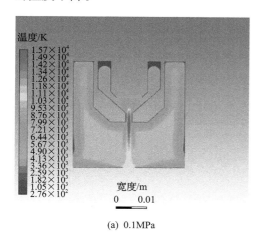

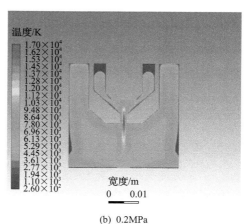

(a)　0.1MPa　　　　　　　　　　　　(b)　0.2MPa

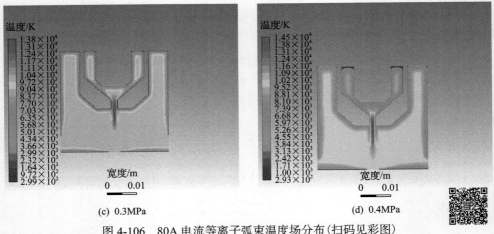

(c) 0.3MPa　　　　　　　　　　　　(d) 0.4MPa

图 4-106　80A 电流等离子弧束温度场分布(扫码见彩图)

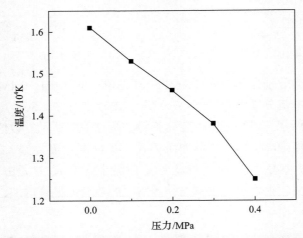

图 4-107　80A 电流等离子弧束最高温度的变化趋势

　　此外，等离子弧束温度场分布的数值模拟还表明，等离子体在进入喷嘴小孔后的温度最高，这是因为等离子体进入喷嘴小孔后受内壁压缩，喷嘴电流密度增大。在等离子体从喷嘴喷射出来后，等离子体的内能转化为动能，并与周围环境中的冷气流强烈交互，从而导致喷口处的温度显著降低。

4.5.3　高压环境等离子弧引弧

1. 电离与引弧

　　电极与喷嘴之间空气的电离程度用电离度来表示，定义为带电离子数目与气体质点总数目的百分比。电离度与温度和压力之间的关系可用著名的沙哈电离方程(Saha ionization equation)式(4-19)来描述。

$$\frac{x^2}{1-x^2}P = 3.16\times10^{-7}T^{2.5}\exp\left(-\frac{eU_i}{k_BT}\right) \tag{4-19}$$

式中，x 为气体电离度，%；P 为气体压力，Pa；T 为气体温度，K；e 为电子电量，C；k_B 为玻尔兹曼常数，1.38×10^{-23}J/K；U_i 为气体电离电压，V。

由方程式(4-19)可知，气体电离度与温度、压力有关，电离度随温度降低、压力增加而减小。传统的等离子弧焊接切割电源均应用于 1 个大气压，通常采用高频高电压击穿空气实现引弧。试验表明，普通市售空气等离子弧切割电源只能在表压为 0.2MPa 的环境中引弧。需要说明的是，在 4.5.3 节中如果未作特别说明，压力数值均为表压。

2. 高压环境等离子弧高频引弧

高压环境高频引弧的电路原理图如图 4-108 所示。引弧电路的振荡频率由方程式(4-20)确定，根据该方程进行变压器 T_2 的初级电感 L_1 和电容 C 的配置。为了在高压环境下实现引弧，在现有高频引弧器的基础上，提升高压包的输出电压，其措施是增加二级线圈的圈数。如图 4-109 所示，其中 1 为改进后的高压包，2 为原有高压包。将改进后的高压包与现有高频引弧器接通，如图 4-110 所示，试验表明其可以适应的环境压力从原来的 0.2MPa 提升到了 0.4MPa。但是，当环境压力继续增大达到 0.5MPa 时，改进的高频引弧器同样难以实现可靠引弧。

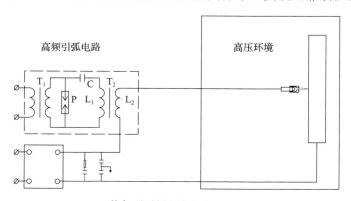

图 4-108 高压环境高频引弧电路原理图

$$f = \frac{1}{2\pi\sqrt{L_1C}} \tag{4-20}$$

式中，f 为引弧电路振荡频率；L_1 为初级回路电感；C 为初级回路电容。

图 4-109　高压包实物图

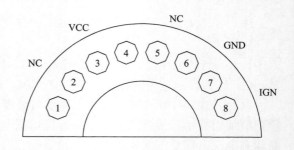

图 4-110　高压包接线示意图

1~8 为高压包引脚，其中 1, 2, 4~6 为空置 NC, 3 为电源
电压正极 VCC, 7 为地线 GND, 8 为控制电源通断 IGN

3. 高压环境等离子弧非高频引弧

　　根据沙哈电离方程，高压下的高密度气体需要增加激励能量才能实现电离，本项目计划通过短路产生的热量实现对高密度空气的电离。MMA 焊、MIG 焊及 TIG 焊通过电极直接接触工件，实现短路引弧，但等离子弧与之不同，其电极容纳在等离子枪内部，短路只能在电极与喷嘴之间进行，而且为了实现短路引弧需要将电极设计成可移动的，也就是使用电极回抽引弧，而回抽动作应由气体的推动来实现。电极回抽引弧成功后，将等离子枪的喷嘴靠近工件，将等离子弧转移到工件上，形成工作电弧。

　　电极回抽引弧的原理示意如图 4-111 所示。与传统高频引弧等离子枪不同，本项目中等离子枪内的电极可在气体推动下回抽。未工作时，等离子枪的电极与喷嘴处于短路状态；工作开始，按下开关，信号触发，控制气阀立即给气，空气推力将电极与喷嘴吹开并瞬间引燃电弧。电极回抽引弧的基本电路示意如图 4-112 所示。其中，U 为主变压器经整流后得到的直流电压，IF_1 和 IF_2 为霍尔电流传感

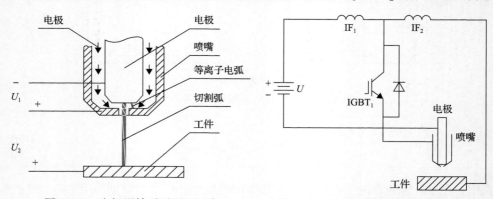

图 4-111　电极回抽引弧原理示意　　　　图 4-112　电极回抽引弧基本电路示意

器，$IGBT_1$ 为开关管。IF_1 检测等离子电弧电流信号并反馈给控制电路，在电弧完全转移至工件前，小弧存在于电极和喷嘴之间。IF_2 检测工件与电极之间的电流，当该电流大于某个阈值时，表明电弧顺利转移，此时断开引弧回路，开始正常加工。

采用电极回抽方法，实现了 0.4MPa 以上压力下的可靠引弧，图 4-113 展示的等离子弧图像，其压力分别是 0.5MPa、0.6MPa、0.7MPa、0.8MPa。

(a) 0.5MPa　　　　　(b) 0.6MPa　　　　　(c) 0.7MPa　　　　　(d) 0.8MPa

图 4-113　等离子弧图像

4.5.4　高压环境等离子弧切割工艺试验

高压环境等离子弧试验在 2MPa 高压焊接试验舱内进行，试验系统构成如图 4-114 所示，自动切割小车放置在舱内，其他试验设备还包括空气等离子切割电源、焊接相机、电流电压数据采集系统等，其中焊接相机用于观察等离子弧。图 4-115 是在 0.4MPa 压力下不同电流的等离子切割电弧，图 4-116 是在 0.4MPa 压力下的等离子弧切割件，图 4-117 是在 1.0MPa 压力下的等离子弧切割件，切割对象为 API X65 钢板，厚度为 10mm[46]。

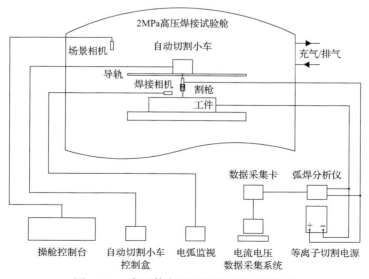

图 4-114　高压等离子弧切割试验系统构成

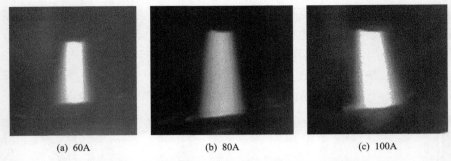

　　(a) 60A　　　　　　　　　(b) 80A　　　　　　　　　(c) 100A

图 4-115　0.4MPa 压力下不同电流的等离子切割电弧

图 4-116　0.4MPa 压力下等离子弧切割件

图 4-117　1.0MPa 压力下等离子弧切割件

4.6　水下干式高压焊接装备

4.6.1　海底管道维修遥操作干式高压焊接机器人

1. 海底管道维修焊接系统构成

　　潜水作业具有水下作业时间短、减压时间长、工作效率低的特点。无论是从提高焊缝质量的角度，还是从提高焊接效率的角度，都应该尽量选用自动焊[47]。海底管道维修焊接系统构成如图 4-118 所示[48]。根据美国 API 相关标准的要求，水下干式舱内只提供 36V 低压电，不能满足焊接电源的需要。所以，在进行海底管道修补时，将焊接电源放置在甲板集装箱内，与焊接电源有关的线缆通过焊接专用脐带与干式舱相连接。位于支持母船上的保护气瓶、焊接数据采集计算机与位于水下干式舱内的轨道焊机控制器、送丝机、焊枪、管道等的连接同样通过焊接专用脐带实现。干式舱内的潜水员不直接控制焊接电源，而是通过声讯系统与甲板上的焊接监督工程师实现信息交流。焊接电流、电压通过反馈信号线传送到甲板上，供焊接监督工程师作为焊接电源控制的参考。干式舱内分布有照明和场景监视系统，焊接小车配备有坡口监视器和焊缝监视器，视频信号同样通过脐带传送至母船。焊接专用脐带长度为 120m，剩余部分散放在甲板上。

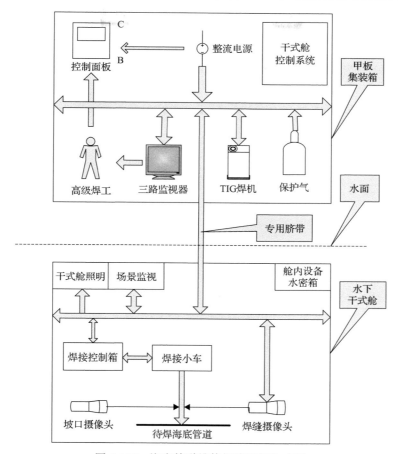

图 4-118　海底管道维修焊接系统构成图

2. 管道焊接机器人焊接机头

　　管道 TIG 焊接机器人系统主要由焊接行走小车、钨极高度自动调节器、钨极横向自动调节器、钨极二维精细调准器、焊接摆动控制器、遥控盒、送丝机构、导轨、TIG 焊接电源、TIG 焊炬、水冷系统、气体保护系统、弧长控制器、角度检测器、场景监视系统、控制箱等部分组成[49]。

　　管道焊接时存在的主要问题有因壁厚差异、尺寸差异等，坡口组对不可避免地存在高低方向、左右方向的偏差，此外还因存在点固焊点，以致机器人的焊接机头在围绕管道做圆周运动时，钨极插入或脱出间隙，使焊接无法进行。为此，采用弧压反馈结合焊缝摄像解决了坡口组对偏差的技术难题，弧压反馈感知坡口高低方向的偏差，钨极在控制系统作用下进行高度自适应调整，焊工通过监视器观察焊缝左右偏差并通过手控盒进行干预调节。

3. 弧压反馈程序设计

TIG 焊接弧压反馈程序的原理如图 4-119 所示，可编程逻辑控制器(programmable logic controller，PLC)比较设定弧长对应的弧压与经过传感器采样的实际弧压，并根据其差值的符号与大小决定钨极电机的上升下降及其升降距离。

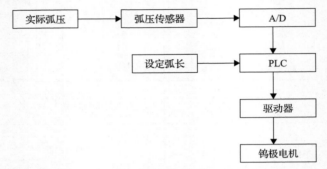

图 4-119　TIG 焊接弧压反馈程序设计原理

A/D (analog-to-digital) 为模数转换器

当检测到的电弧电压低于给定电压时，PLC 通过驱动器驱动钨极电机提升焊枪；当检测到的电弧电压高于给定电压时，PLC 通过驱动器驱动钨极电机降低焊枪。因此，弧长通过钨极电机的提升和降低来实施控制，误差(⊿=给定电压−采样电压)的数值大小取决于钨极电机运动的快慢。当误差较大时，电机运动较快；当误差较小时，运动较慢；当误差小于死区范围时，电机不运动。这样，通过合理地协调电机运动与弧长变化的关系，从而达到较理想的弧长跟踪效果。试验表明，弧长跟踪能够满足管道整圈全位置焊接的需要。

4. 焊接摄像系统

1) 焊接摄像系统总体设计

如图 4-120 和图 4-121 所示，管道全位置 TIG 自动焊机摄像系统由 2 套 CCD (charge coupled device)监视装置组成，这 2 个 CCD 摄像头均随钨极和送丝嘴同步摆动。

与 2 个摄像头配套的 2 个监视器均位于高压焊接试验舱外，摄像头与监视器之间通过同轴电缆传递图像信号，从而满足长距离传输的需要。采用同轴电缆传递图像信号，其最大传输速率为 1~2GB/s，大于 USB 信号线 230.4kbit/s 的传输速率，试验表明同轴电缆传递的图像比 USB 信号线传递的图像更清晰且画面更流畅。同轴电缆穿越试验舱盲板法兰，采用专用密封胶直接密封，保证了穿舱密封性能。

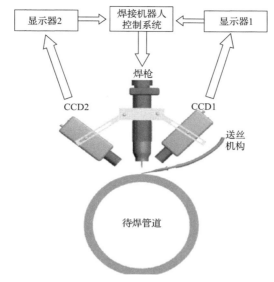

图 4-120　管道焊接摄像系统组成

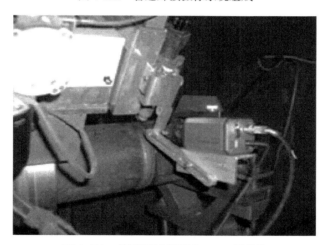

图 4-121　管道焊接机器人 CCD 摄像头

2）滤光片选择与光圈调节

采用配备电弧摄像系统的自动焊机进行管道高压焊接试验时，需要解决两个关键问题，即滤光片选择与光圈调节。

在选择滤光片之前，采用 Ocean 公司 HR400CG 光谱仪对 16Mn 钢进行 TIG 焊接电弧光谱分析，如图 4-122 所示。HR400CG 光谱仪的分辨率为 0.7nm，观测谱线范围为 200～1100nm，波长覆盖范围为紫外区—近红外区。光谱分析图表明，在 400～500nm 及 680～870nm 的范围内存在很多高强度杂波，应当将其滤除。

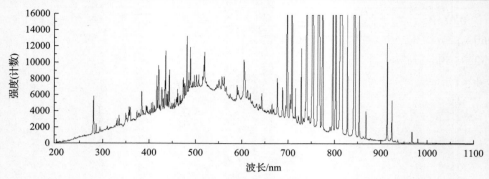

图 4-122　16Mn 钢 TIG 焊接电弧光谱

通过试验比较，焊接电弧摄像 CCD1 采用 940nm 滤光片，钨极焊缝摄像 CCD2 采用 650nm 滤光片。此外，在滤光片前加装保护镜片，防止焊接时的飞溅损伤滤光片。

随着气体压力增加，电弧亮度增加，此时需要对光圈进行调节。光圈可以采用手动变焦镜头进行调节，此时需要根据试验经验，事先确定与试验压力适应的光圈孔径；也可以采用电动变焦镜头，焊接时通过其控制盒进行在线调节。

3）焊接摄像试验

焊接试验条件为钢管材料 16Mn、外径 6in（1in=2.54cm）、厚度 15mm、60°V 形坡口，钨极为直径 ϕ3.2mm 的铈钨极，焊丝直径 ϕ0.8mm、型号为 AWS5.18 ER70S-6；数控脉冲氩弧焊接电源 WSM-400 采取直流正接方式。

0.2MPa 压力下的管道焊接参数为行走速度 6.2～7cm/min，焊接电流 165～180A，弧长 4.5mm，摆速 120～150cm/min，摆动方式为"之"字形，送丝速度 132～150cm/min，氩气流量 30L/min。0.2MPa 压力下焊接电弧如图 4-123 所示，钨极焊缝如图 4-124 所示。

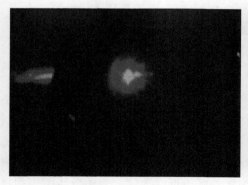

图 4-123　0.2MPa 下焊接电弧　　　　　图 4-124　0.2MPa 下钨极焊缝

0.6MPa 压力下的管道焊接参数为行走速度 6.4～6.8cm/min，焊接电流 140～
160A，弧长 4.5mm，摆速 120～150cm/min，摆动方式为"之"字形，送丝速度为
133～150cm/min，氩气流量 50L/min。0.6MPa 压力下焊接电弧如图 4-125 所示，
钨极焊缝如图 4-126 所示。

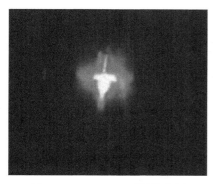

图 4-125　0.6MPa 下焊接电弧

图 4-126　0.6MPa 下钨极焊缝

通过图 4-123～图 4-126 的比较表明，随着压力增加，焊接电弧的形状变窄、
电弧亮度增加。

至此，研制成功的管道焊接机器人可以很好地用于高压焊接试验舱内的管道焊
接试验，焊接机器人的焊接机头如图 4-127 所示，焊接电源和控制系统如图 4-128
所示。

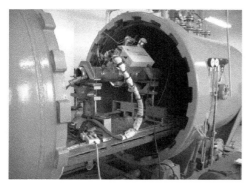

图 4-127　焊接机头

图 4-128　焊接电源和控制系统

4.6.2　数字化逆变 TIG 高压焊接电源

超音频脉冲电弧不仅具有高频直流脉冲电弧的特性，同时也具备电弧超声作
用，从而能够对焊接熔池和焊缝接头产生一定的搅拌、振动等特殊效应，具有显
著提高焊接速度、改善焊缝熔池流动性、细化焊缝晶粒等作用。近年研制了适用

于水下干式焊接的超音频直流脉冲 TIG 焊接电源，如图 4-129 所示。主要技术参数为基值电流 5～250A，峰值电流 5～250A，脉冲频率 5Hz～80kHz，占空比 10%～80%，脉冲电流变化速率 $di/dt \geqslant 50A/\mu s$。将该超音频直流脉冲 TIG 焊接电源用于API X80 管线钢高压焊接，试验表明通过调节基值电流、峰值电流、脉冲频率等参数，可以获得高质量焊缝。

图 4-129　数字化超音频直流脉冲 TIG 高压焊接电源

1. 适用于水下干式焊接的超音频直流脉冲 TIG 焊接电源拓扑结构

适用于水下干式焊接的超音频直流脉冲 TIG 焊接电源由多套直流回路并联而成，结合 DSP 数字信号处理器，可以实现在焊接过程中对焊接参数的迅速调节和精确控制，降低了回路中的信号损失和因长距离输送电缆中的电感所产生的信号干扰。

电源的主体结构主要由水下单元和水上单元及连通水上和水下单元并实现电流信号传送的脐带电缆组成。水上单元主要包括整流滤波电路、脐带电缆、峰值电流产生回路、基值电流产生回路、水上数字信号处理器(digital signal processor, DSP)控制系统和驱动电路。水下单元主要包括 DSP 控制系统、峰值电流切换电路和信号测控模块。图 4-130 为超音频直流脉冲 TIG 焊接电源的主回路拓扑结构示意图。

该电源工作时的超音频脉冲电流通过以下方式作用于电弧和被焊工件表面。焊接开始时，基值电流在水上单元中产生并作用于焊接电弧，被焊工件在基值电流作用下开始预热，与此同时，位于水上单元的峰值电流产生回路产生峰值电流

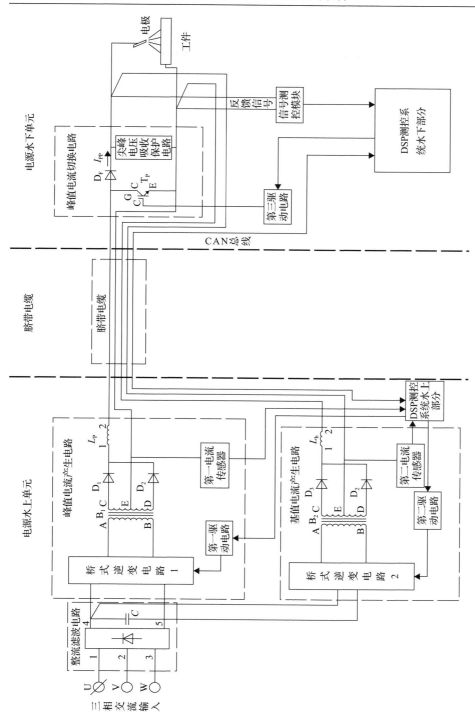

图4-130　水下干式超音频直流脉冲TIG焊接电源的主回路拓扑结构示意

并传输至水下的峰值电流切换电路，功率开关将峰值电流进行超音频脉冲切换并通过功率二极管输出脉冲峰值电流。此时，基值电流对电弧和工件的作用时间结束，脉冲峰值电流与基值电流按照设定好的占空比叠加后开始作用于工件。整个过程中，水上单元与水下单元之间的信号传输通过控制器局域网（controller area network, CAN）总线实现。

峰值电流的形成过程：峰值电流产生回路中的峰值电流信号被第一传感器采集并传输至位于水上的 DSP 数字信号处理系统，同时位于水下的信号测控模块发出的测控信号被 CAN 传输电缆传输至水上的 DSP 数字信号处理器，水上的 DSP 数字信号处理系统对这两种电信号进行综合处理后输出，并将输出信号经第一驱动电路传递至第一桥式逆变电路中，经过该电路输出并形成峰值电流。

基值电流的形成：与峰值电流类似，基值电流产生回路中的基值电流信号被第二传感器采集并传输至位于水上的 DSP 数字信号处理系统，同时位于水下的信号测控模块发出的测控信号被 CAN 传输电缆传输至水上的 DSP 数字信号处理器，水上的 DSP 数字信号处理系统对这两种电信号进行综合处理后输出，并将输出信号经第二驱动电路传递至第二桥式逆变电路中，经过该电路输出并形成基值电流。

峰值电流切换电路与位于水上的 DSP 数字信号处理系统及信号测控模块通过 CAN 总线连接，信号测控模块将接收的占空比及脉冲频率等参数信号由 CAN 总线传递至位于水下的 DSP 数字信号处理系统，经 DSP 水下部分的 PID 运算处理后生成一种能够作用于第三驱动电路和功率开关的脉冲序列，该脉冲序列可以产生超高频的控制功率开关开闭的信号，并通过开关信号控制逆变电路对电压的调节。当水下的 DSP 模块接收到大于电源中的电压阈值时，峰值电流保护电路还可以通过触发内部的尖峰电压保护电路并产生电路保护信号，从而避免超音频脉冲 TIG 电源的电路受到损坏。

如图 4-131 为适用于水下干式超音频直流脉冲 TIG 焊接电源信号测控模块示意图。图 4-132 为该超音频脉冲 TIG 焊接电源 DSP 控制电路与其他控制电路元件的连接示意图。图示中的信号测控模块和 DSP 控制电路分别与 CAN 总线的收发器接口连接，由传感器采集的反馈信号被信号测控模块经 CAN 总线传输到 DSP 控制

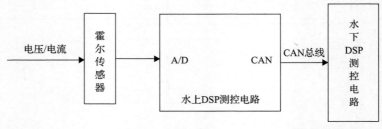

图 4-131　水下干式超音频直流脉冲 TIG 焊接电源信号测控模块示意图

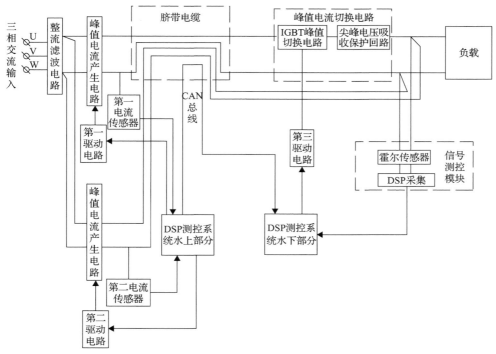

图 4-132　超音频脉冲 TIG 焊接电源 DSP 控制电路与其他控制电路元器件连接示意图

电路的 A/D 转换电路进行数字化处理，处理后的反馈信号再经过 CAN 总线传输至 DSP 控制电路中。图中第三驱动电路中的脉冲宽度调制 (Pulse Width Modulation, PWM) 脉冲信号输入端和 CAN 总线的收发器接口分别于 DSP 控制电路中的数字 I/O 口和 CAN 总线口连接，能够进行反馈信号的运算和处理。

　　采用这种电路结构的超音频直流脉冲 TIG 焊接电源区别于普通 TIG 焊接电源的是，它是利用位于水下的峰值切换电路将在水上输出的基值电流和峰值电流进行重新整合后输出，信号测控模块也可以直接对超音频焊接电弧的电流电压信号进行采集和处理后，再经长距离传输电缆传递至水上数字信号控制系统，再经数字信号控制系统进行简单运算处理后传输至桥式逆变电路，从而极大地消除脐带电缆中因电感产生的信号之间的相互干扰。利用该超音频脉冲焊接电源进行焊接时，位于水上部分的 DSP 控制系统对来自水下的反馈信号能够实现实时准确地控制和处理，为水下焊接提供了极大的便利。

　　2. 适用于水下干式焊接的超音频直流脉冲 TIG 焊接数字控制系统

　　使用与水下干式焊接的超音频脉冲 TIG 焊机的数字控制系统主要包括 DSP 数字信号处理器、MCU 微控制器和 CPLD 逻辑器件三部分。其中，DSP 数字信号处理模块是整个控制系统最核心的部分，可以在焊接过程中通过与其余两个模块进行协同工作，从而完成整个数字化控制过程，实现水下超高频脉冲 TIG 焊的自动化焊接。图 4-133 为超音频直流脉冲 TIG 焊接电源 DSP 数字化控制系统结构示意图。

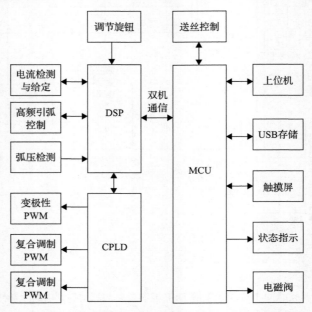

图 4-133　超音频直流脉冲 TIG 焊接电源 DSP 数字控制系统结构示意图

CPLD（complex programmable logic device）为可编程逻辑器件；MCU（microcontroller unit）为微控制器

该控制系统中的各个模块及模块之间主要通过以下方式对整个焊接过程进行数字化控制。DSP 数字信号处理器：可以实现对超音频脉冲 TIG 焊接电源主回路结构中包括基值电流产生回路、峰值电流产生回路及峰值电流保护电路中参数信号的输入与调节、超音频脉冲电弧的控制及整个回路中电信号的反馈和处理功能。

MCU 微控制器：能够对经过 DSP 数字信号处理模块处理后的焊接电流、脉冲频率、占空比等工艺参数进行存储和输出，以及人机交互模式的数字化控制，并实现送丝机和上位机等焊接辅助设备的通信过程数字化；

DSP 数字信号处理模块和 MCU 微控制模块的连接方式：基于该超音频脉冲 TIG 焊接电源在工作过程中可供调节的焊接参数量较小，并且对参数调节的时效性要求相对较低，因此本控制系统中的 DSP 数字信号处理器和 MCU 微控制器之间通过两个 RS232 接口以串行方式进行连接，从而实现两个模块之间的通信。

DSP 数字信号处理器与 CPLD 逻辑器模块之间的协同过程：首先，DSP 数字信号处理器通过内部和两路输出比较模块及 PWM 信号生成器分别生成高频脉冲 PWM 和变极性 PWM 输出信号；其次，CPLD 编辑器接收由 DSP 数字信号处理器输入的两种基准互补的 PWM 脉冲信号，并根据控制系统中预设的工作模式对两种 PWM 输出信号进行逻辑判断和组合，最终输出能够满足超音频直流脉冲 TIG 焊和超高频变极性脉冲 TIG 焊等不同焊接工艺要求的复合 PWM 脉冲输出信号。图 4-134 为 DSP 数字信号处理器与 CPLD 逻辑器协同产生 PWM 输出信号的过程示意图。

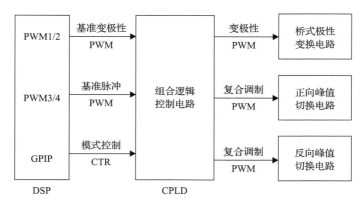

图 4-134　DSP 与 CPLD 协同产生 PWM 输出信号的过程示意图

这种适用于水下超音频脉冲 TIG 焊接电源的新型数字化控制系统通过其内部的 DSP 信号处理模块、MCU 微控制器及 CPLD 逻辑器之间的相互配合完成焊接电流信号的接收处理和输出调用，能够实现对超音频脉冲 TIG 焊接参数的精准调节和对焊接过程的实时监控，极大地提高了超音频脉冲 TIG 焊接的效率，从而满足超音频变极性脉冲 TIG 焊及超音频直流脉冲 TIG 在内的多种超音频焊接工艺的需求。

4.6.3　水下干式高压焊接舱

在进行海洋工程水下结构物维修时，考虑到结构设计上的差别，可以把高压焊接舱分成两类，一类用于管道焊接，另一类则与平台结构焊接有关。当水深超过 60m 时，采用混合气体饱和潜水能够获得很高的作业效率。当水深达到 600m 时，要求采用无潜水员的自动化维修系统，焊接方法采用 MIG 焊。用于隧道盾构机高压环境刀盘刀具检修的装备和原理与海洋工程所用装备类似，具体结构与布置方式则与隧道、盾构机相适应。

1. 海底管道维修高压焊接舱

用于海底管道干式维修的代表性系统有 Aberdeen Subsea Offshore Ltd 的 OOTO 系统、CoMex 公司的 THOR-1 系统、SIATOIL 公司的管线维修系统（pipeline repair system, PSR）和海洋石油工程股份有限公司的水下干式管道维修系统。

1）SIATOIL 公司的管线维修系统及其海底管道维修高压焊接舱

管线维修系统于 1988 年建造成功后，每年在北海实施 1～2 次海底管道维修作业。维修作业采用潜水员辅助方式，但焊接是在支持工程船上通过远程方式来执行的，采用高压焊接程序维修的管道，其外覆盖径范围为 8～42in。

PRS 的操作逻辑是先在实验室开发并评定焊接程序，然后在维修作业中应用这些程序。焊接操作人员和焊接工程师的培训和评定也在维修作业之前先在实验室进行。实验室采用的焊接和控制系统与维修作业所用的相同。

PRS 维修场景示意如图 4-135 所示，用于现场维修作业的主要设备包括用于海底管道处理的 H 框架（图 4-136）、焊接舱（图 4-137）、潜水和焊接控制室（图 4-138）、管道自动焊接机头（图 4-139），以及混凝土清除设备、脐带缆和控制柜等。

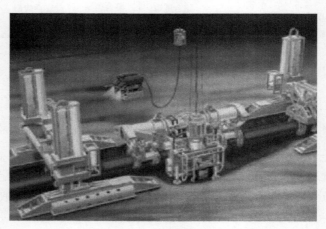

图 4-135　PRS 维修场景示意

图 4-136　H 框架

图 4-137　焊接舱

图 4-138　潜水和焊接控制室　　　　　　图 4-139　管道自动焊接机头

2)海洋石油工程股份有限公司海底管道维修高压焊接舱

　　海洋石油工程股份有限公司海底管道维修高压焊接舱的主要技术性能参数包括最大作业水深 60m，可在水质混浊环境下使用，舱体在空气中的重量不大于 200t，舱内工作人员 2～3 人，作业时的最大流速不大于 2 节，能够对 6～24in 的海底管线进行干式维修，无自航能力。

　　水下干式高压焊接舱的主要研制内容包括水下干式舱结构系统、舱体调位液压系统、水下干式舱供配电系统、水下干式舱供配气系统、水下干式舱综合监控系统、水下干式舱内的生命支持系统和潜水作业技术应用方案等。

　　水下干式高压焊接舱由水下干式舱基架、干式舱室、干式舱纵移和升降系统、管道提升机械手、人员运送舱对接口和潜水员进出口等结构组成。基架主尺度为长 12.5m，宽 8m，高 6m。干式舱室主尺寸为长 4.5m，宽 3.5m，高 3m。干式舱室的纵移行程 1m，升降行程 1.5m。管道提升机械手的行程为 1.8m，提升力为 20t。

　　图 4-140 是水下干式高压焊接舱，图 4-141 是在舱内调试管道焊接机器人。

图 4-140　水下干式高压焊接舱　　　　　图 4-141　舱内调试管道焊接机器人

2. 结构维修高压焊接舱

钢质平台的基础结构称为导管架，它是一种比较复杂的空间框架，由一些水平、垂直和倾斜的钢管组成，钢管直径可以达到几米、壁厚可以达到几十毫米。这些钢管的连接处叫作"节点"，它是一种通过铸造或焊接而成的复杂结构，其作用是传递钢管之间的载荷。"节点"由于各种原因而可能发生断裂，图 4-142 是海上结构遭受冲击所致的结构断裂。断裂结构可以采用湿式焊接进行维修，如图 4-143 所示。

 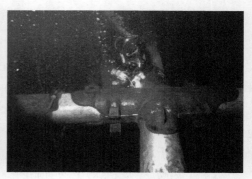

图 4-142　海上结构遭受冲击所致结构断裂　　　图 4-143　十字结点筒式焊接修复方案

断裂的结构如果采用高压焊接维修，则需要围绕该结构建造高压焊接舱。在节点附近钢管的待焊部位不能提供足够空间来安装焊接舱，一般需要用高压焊接舱包围整个节点。所以，必须将焊接舱分成若干个部分分别进行建造，然后下放到工作位置并组装再用螺栓连接、围住待焊结构，这是相当复杂的。为此，我们开发了可在节点处使用的柔性舱。柔性舱的各组成部分被精确地连接在一起，与刚性舱相比，柔性舱可适应钢管结构实际位置与设计尺寸的误差。由于柔性舱内不能存放辅助设备，因此必须为潜水员提供一个工作平台。为了解决柔性舱的浮力问题，通常在舱的下部均匀添加配重。

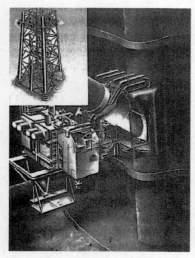

图 4-144　Magnus 平台刚柔混合式高压焊接舱

Comex 公司于 1991 年对 Magnus 油田一个平台的导管架采用了一个独创的柔性和刚性的组合舱，解决了修复现场所遇到的问题。舱的主体被制造成一个传统的刚性结构。在舱壁内设计了放置焊接所用设备的防水柜，并配备一个可调整的供潜水员使用的甲板，如图 4-144 所示。这个舱被夹紧并固定在与待修结构相邻的一个水平杆件上，一面舱壁是用柔性材料制造的，可压向邻近立管，使舱内的工作空间尽可能大。这些开发工作表明，高压舱可以通过改造扩展到一些特殊的应用场合。

3. 深水管道无潜式自动化维修系统

1）挪威 Statoil 公司深水管道无潜式自动化维修系统

挪威 Statoil 公司深水管道无潜式自动化维修系统在水下机器人 ROV 的支持下进行作业，如图 4-145～图 4-148 所示。套筒安装完成后，干式舱就位排水，然后进行干式高压 MIG 焊。

图 4-145　ROV 协助

图 4-146　安装套筒

图 4-147　干式舱就位排水

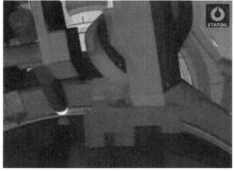

图 4-148　干式高压焊接

2）北京石油化工学院无潜式自动化维修试验系统

北京石油化工学院建造的无潜式自动化维修试验系统包括焊接舱、远程控制台及焊接机构等。焊接机构由焊接电源、送丝机构、焊接舱开闭控制系统、焊接舱排空干燥系统、惰性保护气更给系统等组成。内置焊接机构的焊接舱通过龙门吊出或入水，焊接电源包括 TIG、MIG 各两套，通过操作控制台进行远程焊接的

TIG 焊缝如图 4-149～图 4-152 所示。

图 4-149　内置焊接机构的焊接舱

图 4-150　焊接电源及供气系统

图 4-151　操作控制台

图 4-152　水下干式高压焊接焊缝

4. 饱和潜水系统

饱和潜水是一种适用于大深度条件下，开展长时间作业的潜水方式。通常，当潜水作业深度超过 60m、时间超过 1h，一般建议采用饱和潜水。20 世纪 50 年代，与最初的常规潜水截然不同的饱和式潜水技术得到发展。饱和潜水作业系统示意如图 4-153 所示，该系统由布置在甲板上的多个不同功能的压力舱组成，其中生活舱可以让潜水员在一定的高压环境中生活长达数周。潜水作业开始前，潜水小组进入主工作压力舱，然后将该舱压力加至与潜水作业所需水深相当的压力。然后，潜水员进入与主工作压力舱对接的潜水钟，将潜水钟与主工作压力舱解脱后从潜水作业船边下放入水，在潜水钟下放到达作业深度且潜水钟内外压力相同后，潜水员打开舱门进入工作现场。潜水员返回的程序则与之相反。全部潜水活动结束后，减压应以受控速率按预定减压程序进行，潜水员要在压力舱中渡过一个较长的减压过程，从 250～300m 水深处减压至常压状态通常需要几天。

图 4-153 饱和潜水作业系统示意

在饱和潜水作业中，潜水员穿着"干式"潜水服，这种潜水服具有绝缘和防水性能，还能够加热为潜水员的身体保温。潜水服在颈部配备锁紧环，用以连接刚性头盔。潜水员的呼吸气体与热量供应及通信均通过连接在潜水员头盔和潜水钟的一根"脐带"来实现。与此同时，潜水员的背挎式气瓶作为安全储备，以防止"脐带"故障。潜水员在饱和潜水过程中通常呼吸一种氦氧混合气体。该试验表明，若该混合气体中的氧气分压保持在 0.5bar，则潜水员可以呼吸该混合气体进行有效作业。

5. 隧道盾构机高压检修装备

比较图 4-154 和图 4-155，土压平衡盾构机的压力舱包括两个，即人员舱和刀盘舱，而泥水平衡盾构机在这二者之间还有一个用于过渡的气压舱。

图 4-154 泥水平衡盾构机刀盘检修

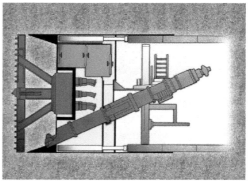

图 4-155 土压平衡盾构机主机结构

1) 刀盘舱

高压检修作业在刀盘舱内进行，这个刀盘舱是由盾构机与掌子面共同形成的密闭高压空间，如图 4-156 所示。盾构机停机后，作业人员带压进舱，在掌子面上采用人工凿除或高压水射流切割等方法凿出一个适合进行检修作业的工作空间，工作空间的凿除应遵循循序渐进的工作方法，从而保证工作安全。以泥水平衡盾构机为例，每舱凿除后都要补充泥浆保压，保压过程中的压力设定应该比正常值高 0.02～0.03MPa，从而使泥膜充分地渗透到掌子面，待工作空间凿除后，向刀盘舱置换高黏度泥浆，并保压 3h。

图 4-156　刀盘舱检修作业工作空间的构建

2) 人员舱

人员舱是在需要压缩空气以平衡盾构围岩的水土压力，以保持作业面稳定作业时使用。实际操作人员在气压状态下进行检查、更换刀具及排除工作面异物等工作。人员舱结构示意如图 4-157 所示，实物如图 4-158 所示。人员舱分主舱和紧急舱，并由密封的压力门隔开。主舱通过法兰实现与盾构前体上压力隔板的连接。操作人员通过隔板上的人舱门就可以进入刀盘舱。

主舱和紧急舱通过横向连接，舱内舱外都装有时钟、温度计、压力计、电话、记录仪、加压阀、减压阀、溢流排气阀即水路、照明系统。紧急舱的作用是在压缩空气工作时和出现紧急情况时的出入。

进入人员舱的工作人员必须经过身体检查及专业培训，并取得劳动部门的相关资质，在进行加压和减压作业时要严格遵循加压、减压规程，一般参照相关潜水规程。

图 4-157　人员舱结构示意图

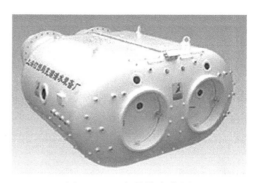

图 4-158　人员舱实物图

3）减压病治疗舱

德国易北河第四隧道的地下水压高达 0.45MPa，是泥水盾构机施工的里程碑，如图 4-159 所示。土质的高磨损性造成了刀盘维保压进舱作业的频繁进行。施工时发现刀具和刀盘背面磨损得非常严重，采用压缩空气潜水方式进行维修作业的效率很低，总耗时 6 周。该项目的总共进舱作业时间为 10920h，进舱人次为 2738 次，进舱压力最高达到 0.45MPa，其中 237 人次的进舱压力大于 0.36MPa。减压病报告总共 21 例，均在小于 0.36MPa 的情况下发生。德国易北河第四隧道第一次发生该情况时使用了治疗舱。

图 4-159　德国易北河第四隧道盾构机维修

4）隧道饱和潜水装备

荷兰西斯海尔德（Westerschelde）隧道是北海公司第一个采用饱和潜水进入刀盘舱的隧道项目。隧道仰拱块最低点为海平面下 60m，隧道工作压力高达 0.85MPa。因为在 0.85MPa 的压缩空气下，呼吸空气中的氮气会使人昏迷，所以在 0.85MPa 的压力下无法开展压缩空气作业。因此，北海公司实施 Westerschelde 隧道项目时使用混合气体作业。混合气体是将氧气和不同惰性气体按照不同压力要求配比而成，它可使潜水员在带压条件下连续工作几天甚至几周，这种方法也称为饱和潜水法。混合气体作业的成功进行需要十分周密的盾构机准备及必要的后勤配合。

Westerschelde 项目总共进行了 6 次饱和潜水作业，合计时间为 40d，每次减压时间为 4d。在混合气体条件下的进舱作业总共 10 次。此外，还有 546 人次、合计 1652h 的普通压缩空气进舱作业。减压病报告为 5 例，并都在地面治疗舱治愈。开展饱和气体检修的关键装备除了安装在盾构机上的人舱，还包括如图 4-160 所示的穿梭闸和如图 4-161 所示位于地面的饱和生活舱，穿梭闸用于实现人舱与生活舱之间的人员转运。

图 4-160　穿梭闸

图 4-161　地面的饱和生活舱

　　国内首个采用饱和气体高压作业技术进行刀盘舱内换刀作业的隧道项目是南京纬三路过江隧道，水深 65m。2013 年 9 月～2015 年 1 月，项目部与德国北海公司合作采用氦氧饱和气体高压作业工法进行作业，每天分 3～4 个班次进行连续作业，每班作业人员连续工作 4h，人员在饱和舱内生活，大幅缩短了人员减压和增压时间，人员可以连续工作 20d，取代了普通压缩空气作业，每小班可更换滚刀 3～4 把，工效提高了 6～8 倍。因为德国人的作业成本很高，所以该项目后期的作业人员更换为国内潜水员。图 4-162 是该项目使用的穿梭舱，图 4-163 是穿梭舱与人舱的对接。

图 4-162　饱和气体高压作业穿梭舱

图 4-163　穿梭舱与人舱对接

4.6.4　高压焊接试验舱

1. 高压焊接试验舱

1) 挪威科技大学管道高压焊接试验舱

挪威科技大学在 SINTEF 支持下建造了高压焊接试验舱 Simweld，如图 4-164 所示，这是一套远程控制的干式高压自动焊接系统，主要组成部分如下：压力舱，额定压力 10MPa，相当于 1000m 海水深度；舱内气体控制单元；窄坡口 TIG 焊接机头，可用于全部焊接位置；送丝装置；焊接电源，额定电流 350A、DC，高弧压；焊接控制系统；上位计算机；下位计算机；观察焊接过程的相机。

焊接参数通过计算机进行控制。在焊接过程中，操作人员远程控制全部功能，包括焊枪位置控制和焊丝添加，这些以相机观察到的焊接过程信息为基础进行调节。控制台和操作人员如图 4-165 所示。

图 4-164　高压焊接装置　　　　　　图 4-165　高压焊接控制台和操作人员

为了处理坡口尺寸的变化，这些是在现场焊接中因加工误差、管端组对偏差而产生的，为此针对不同的装配组对条件进行了根焊焊接参数研究。在焊接过程中，焊枪摆动并采用脉冲电流，目的是使侧壁熔合充分，当管道壁厚小于 35mm 时，坡口只需一道焊缝即可覆盖。

2) 北京石油化工学院管道高压全位置焊接试验舱

挪威科技大学高压焊接试验舱 Simweld 的焊接机头通过设置焊枪与管道之间的相对角度(0°～90°)，从而获得与该角度对应的焊接工艺，这与现场管道维修中焊枪与管道相对角度从十二点到六点位置连续变化是有差异的。

北京石油化工学院建造了完全模拟管道维修现场的高压全位置焊接试验舱，如图 4-166 所示，主要组成部分包括高压气体储罐、高压焊接试验舱、自动焊机、摄像系统和中央控制台等[50]。

　　高压气体储罐的最高工作压力为 4MPa，与高压焊接试验舱容积相等，可为试验舱提供成分比例符合要求的混合加压气体，但本项目只采用空气压缩机提供压缩空气。

　　高压焊接试验舱的设计压力为 1.5MPa，相当于 150m 水深，最高工作压力为 1.0MPa，容器内径为 1.6m，其快开舱门的启闭可通过左右直线移动液压缸来实现，卡箍锁的紧松可通过旋转液压缸实现[51]。

　　高压焊接试验装置控制系统选用 PLC，采用 PROFIBUS 协议，通过 WINCC 软件，在中央控制台实现对高压气体储罐、高压焊接试验舱的计算机监控和试验参数的显示和存储。图 4-167 是高压焊接试验舱控制台[52,53]。

图 4-166　高压全位置焊接试验舱　　　　图 4-167　高压焊接试验舱控制台

3）核电站乏燃料储存水池维修焊接试验舱

　　核电站乏燃料储存水池如图 4-168 所示，依靠其内侧不锈钢内衬保持的池水安全地储藏着从核电站回收的乏燃料。当不锈钢内衬出现裂纹需要进行焊接维修时，可以采用水下干式高压焊接。用于乏燃料水池维修的干式舱，则需要根据维修部位进行针对性的设计。

图 4-168　核电站乏燃料储存水池

图 4-169 是日立公司研制的用于拐角部位的高压焊接试验舱。干式舱空间的形状尺寸为 800mm×350mm×300mm。开口部周围和空间接触衬板面的顶端贴有海绵，从而确保其密封性。空间底部设有细孔状的通气孔，在空间内导入保护气后，将空间内的残留水分通过开口部和通气孔排出，使空间内部气相化。另外，在空间内部搭载焊枪、送丝装置、补板压紧装置、CCD 照相机、照明设备等。在焊接过程中，焊枪能够向 X、Y、Z 方向移动，具备弧压控制功能。干式舱内的补板压紧装置并夹住补板，通过干式舱开口部位将补板压向衬板，同时具有锁定功能。

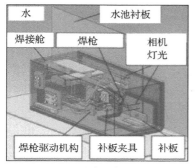

(a) 方案示意图　　　　　　　　　　(b) 外观照片

图 4-169　高压焊接试验舱

2. 超高压焊接试验舱

1) 克利夫兰州立大学 HyperWeld250

克利夫兰州立大学设计并建造了 25MPa 高压焊接装置 HyperWeld250。该装置于 1996 年投入使用，开展了 10~25MPa 压力范围内的焊接适应性研究。图 4-170 是 HyperWeld250，安装的是平板焊接机构，图 4-171 是管道焊接机构。

图 4-170　HyperWeld250　　　　　　图 4-171　管道焊接机构

2）北京石油化工学院 15MPa 超高压焊接试验舱

北京石油化工学院 15MPa 超高压焊接试验舱如图 4-172 所示，舱门开启和关闭采用液压驱动，内置焊接机构，配套装置还有供气系统、测控系统，其中供气系统除空压机、储气罐提供压缩空气外，还可以通过制氮机提供高压氮气。

图 4-172　15MPa 超高压焊接试验舱

3. 北京石油化工学院多功能高压焊接试验舱

北京石油化工学院建造的多功能高压焊接试验舱可用于 2MPa 及 200m 水深模拟检修作业，图 4-173 是该试验舱本体，图 4-174 是操舱控制台。200m 水深载人高压焊接试验舱模拟盾构机人舱及刀盘舱进行设计，主要包括立式工作舱、卧式休息居住舱，立式工作舱可以充入压缩气体，也可以在下面充水、上面充压缩气体。该多功能高压焊接试验舱可在 200m 水深（2MPa）范围内的干式高压环境或水下湿式环境进行焊接切割等作业，可以基于潜水员的手工作业方式也可以基于遥操作机器人的自动化作业方式，为海洋石油、海军、核电、隧道等所有"涉水"场合的技术研究开发提供了良好的试验条件。

多功能高压焊接试验舱的立式工作舱用于模拟工作环境，将卧式休息居住舱分割成两个舱室，即以过渡和盥洗为主的准备舱，以及以人员居住和减压为主的

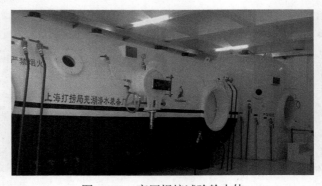

图 4-173　高压焊接试验舱本体

图 4-174　高压焊接试验舱舱体操舱控制台

休息舱，作业人员通过准备舱的入舱口进入工作舱。此外，还包括操舱控制台、气体供给系统、电气系统及盥洗和消防系统。

工作舱直径为 2.4m、高度为 4.8m，最高工作压力为 2.0MPa，分水上干室和水下湿室，单舱两门立式，可供 2 人在舱内进行焊接作业，并可与休息舱实现人员带压转接。工作舱设透光直径为 300mm 的送物筒 1 只和照明窗、观察窗、摄像窗等。工作舱配置了压力自动平衡系统、焊接电源接口、焊接安全保护装置和焊接烟雾有效排放装置等。

休息舱直径为 2.1m、长度为 6m，双舱五门式，最高工作压力为 2.0MPa。休息舱中 2 人可躺，设送物筒 1 只，床铺 2 张，舱内环控设备接口 1 套，其中准备舱部分可载 2 人，设如厕和洗浴设备各 1 套，所有舱室配备照明、通信、吸氧(BIBS呼吸器接口)等设施。

图 4-175 是布置在工作舱内进行高压等离子弧切割工艺试验的自动切割小车。

图 4-175　高压焊接试验舱内的自动切割小车

第 5 章　水下局部干式焊接

局部干法水下焊接兴起于 20 世纪 70 年代，综合了湿法水下焊接和干法水下焊接两者的优点，是一个非常有发展前途的焊接方法。这种方法简单易行，电弧及熔池凝固等过程均在气相环境中进行，焊接质量明显高于湿法焊接。与干法焊接相比，局部干法无需大型、昂贵的排水气室，排水装置尺寸小，适应性明显增强，可以用较少的投资较快地获得经济收益。近 20 年来，这类方法越来越受到国内外的关注，并已开发了多种局部干法水下焊接形式，其中已经在生产中应用的焊接方法有气罩式水下焊接法、水帘式水下焊接法和可移动气室式水下焊接法。

5.1　局部干法焊接原理

自 1968 年美国提出局部干式水下焊接方法以后，日本和英国相继研制出钢刷式和水帘式水下焊接法等局部干式水下焊接方法，其原理均是通过高压气体在待焊部位形成一个干燥的局部空间来进行施焊，从而避免周围水分对焊接过程产生影响。这种方法的关键是一方面要保证焊接电弧在待焊区域周围形成的干式局部环境中能够稳定，另一方面要避免水的快速冷却导致的焊缝接头性能变差。目前，已经在生产中应用的焊接方法有水帘式水下焊接、气罩式水下焊接和可移动气室式水下焊接等(图 5-1)。

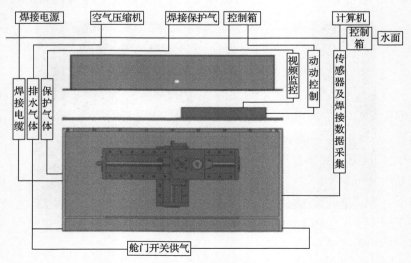

图 5-1　气室式水下焊接装置示意图

5.2　气罩式水下焊接

　　气罩式水下焊接法多采用熔化极气体保护半自动焊和手工电弧焊,也可以采用非熔化极气体保护半自动焊。实际应用的最大水深是 40m。水帘式水下焊接法也称为干点式水下焊接法，属于较小范围的局部干法。水帘式焊枪的结构一般为两层，以高压状态的水沿圆锥形的焊枪外层喷射，从而形成一个水帘式的保护体。焊枪内层通入具有保护和排水双重作用的高压气体，可为焊接提供局部气相空腔，使电弧稳定并进行焊接。水帘式局部干法水下焊接排水装置的工作原理如图 5-2 所示，该排水装置最初的设计形式为内层通入电弧保护气体，外层采用高压水幕，这种设计不但增强了对待焊区域的保护效果，而且实现了对焊接设备的简化。水帘式焊接法设计的焊枪轻巧灵便，结构较为简单，但高压气体和焊接所产生的烟尘与水急速混合紊乱，故难以观察焊接区域的实时焊接状态。所以，无法进行实时监测是水帘式局部干法水下焊接进一步发展首先需要解决的问题。

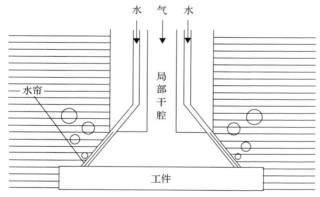

图 5-2　水帘式局部干法水下焊接排水装置工作原理

　　钢刷式水下焊接法是对水帘式焊接法的改良。由于水帘在高压状态下不够稳定、挺度差，所以钢刷式采用由细小不锈钢丝围成的圈代替水帘。在钢丝圈上加一圈 100～200 目铜丝网可减小间隙，增加密闭性，从而使焊接空腔的稳定性更好。在钢丝圈内侧衬上一圈直径为 0.1mm 的 SiC 钢丝“裙”代替水帘，喷嘴部分则像钢丝刷子一样，故将这种水下焊接法称为钢刷式水下焊接法。钢刷式局部干法水下焊接克服了水帘式局部干法焊接的缺点，可以进行搭接接头、角接接头的焊接，可采用自动焊，也可以采用半自动焊。由于水帘式排水罩外层的高压水幕不能形成稳定的气相区且设备要求复杂，故在其基础上研究采用多层钢丝刷来形成稳定的气相区，如图 5-3 和图 5-4 所示，把外层水帘替换为不锈钢丝来形成稳定的气相区简化了设备要求，并实现了自动化焊接。

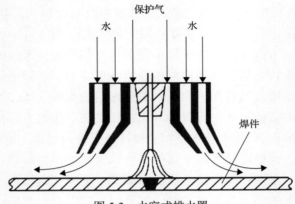

图 5-3　水帘式排水罩

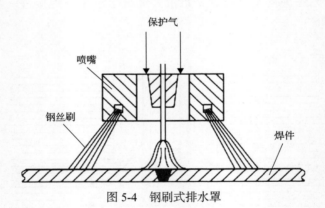

图 5-4　钢刷式排水罩

5.3　可移动气室式水下焊接

可移动气室式水下焊接是美国于 1968 年首先提出的，1973 年开始在生产中应用。相比微型排水罩式和水帘式局部干法水下焊接，气室式局部干法水下焊接装置内部的气相保护区域较大，焊接过程中气室排水装置固定不动，其内部的运动机构带动焊枪实现焊接所需的运动。气室装置密封属于静密封，密封简单、效果好，焊接过程稳定。日本日立公司于 2001 年提出以水下干式 TIG 焊接方法对核电站使用完毕的乏燃料储存池进行维修，可维修位置示意图如图 5-5 所示。由于空间限制等因素，利用可移动气室可以实现对乏燃料池壁面、底面和拐角处的修复。图 5-6 为可移动气室式水下 TIG 焊接机的结构概略图。

　　图 5-7 为拐角处水下 TIG 焊接专用气室的结构概略图,其中图 5-7(b)为其外观照片。气室外形尺寸约 800mm×350mm×300mm,其中贴近拐角的部分气室相对于衬板开口,在开口周围与衬板接触底面的端部包裹海绵,从而确保了其与衬板的密封性,将腔室内部气相空间化。另外,腔室内部还配备有焊枪、送丝机、补板移动装置、CCD 相机、照明等,焊枪可以向 X、Y、Z 方向移动,在焊接过程中,还搭载了调整电弧长度的自动电压控制(automatic voltage control, AVC)机构。

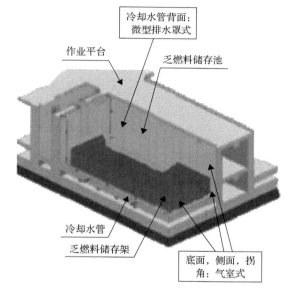

图 5-5　乏燃料水池可维修位置

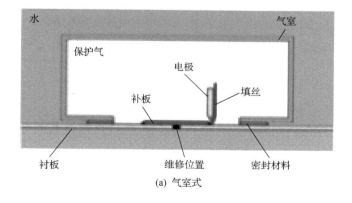

(a) 气室式

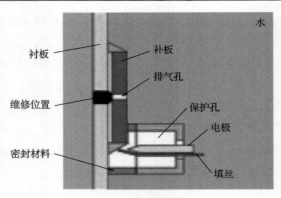

(b) 局部干式

图 5-6　可移动气室式水下 TIG 焊接设备原理

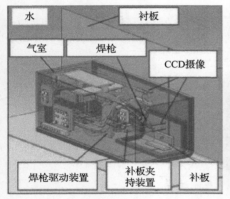

(a) 示意图

(b) 外观照片

图 5-7　拐角处水下 TIG 焊接专用气室设备

　　图 5-8 为隔板式(局部干式)TIG 焊接专机的结构概略图和外观图,对应图 5-6(b)水下焊接设备原理。该焊机由焊接机头位置安装的焊枪单元、装置固定单元、装置悬吊单元等构成。焊接机头外径约 120mm,内部有焊枪、送丝机构、CCD 相机、照明装置。在与焊接头部的衬板接触面上,开口部分和开口部周围粘贴有间壁材料(滤芯状碳纤维阻燃材料)。焊枪单元可以向 X、Y、Z 方向移动,另外,焊接过程中配备有自动电压控制机构轴,可将电弧长度调整为合适值。焊机具有固定在冷却水管道上的功能,装置悬吊单元是安装固定焊枪单元、装置固定单元的框架。

　　图 5-9 是模拟实际施工环境的水下局部干式 TIG 焊接试验过程图。通过在水深 12m 处安装在焊接机头内的 CCD 相机对焊接过程进行全程监控,图 5-9(a)～图 5-9(c)分别为焊接补板之前状态、填丝密封和表面成形的观察过程,图 5-9(d)

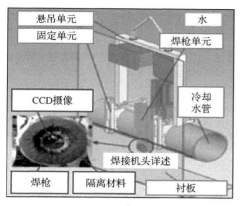

(a) 示意图

(b) 外观照片

图 5-8　水下局部干式 TIG 焊接设备

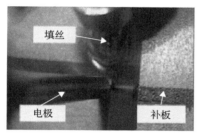

(a) 焊接操作情形

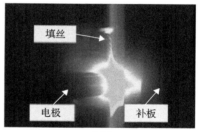

(b) 焊接

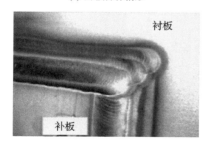

(c) 焊缝表面观察

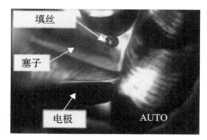

(d) 塞焊操作

图 5-9　水下局部干式 TIG 焊接模拟试验（水深 12m）

是安装在板的抽气孔上的塞焊情况，焊接试验补板和待修衬板的材质是 SUS304（JIS G 4304），填充焊丝是 Y308L（JIS Z 3324）。

5.4　国内排水罩式局部干法焊接的研究现状

我国哈尔滨焊接研究所在 20 世纪 70 年代成功研制出排水罩式局部干法焊接

系统，即水下局部排水二氧化碳气体保护焊接技术，简称 LD-CO_2 焊接方法，原理如图 5-10 所示，并开发了配套的 NBS-500 型水下半自动焊接装备，焊接系统如图 5-11 所示，并在国内进行了多次成功施焊，焊接接头的质量可以满足国际上常用的 API1104 规程的要求。

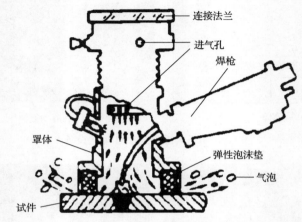

图 5-10　LD-CO_2 焊接原理示意图

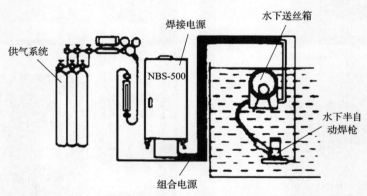

图 5-11　NBS-500 型水下半自动焊接系统焊接设备示意图

海洋石油工程股份有限公司陈勇等[54]采用自行研制的固定式排水罩(图 5-12)，通过潜水员辅助在试验水池中进行局部干法药芯焊丝半自动焊工艺，并对 EH36 钢进行焊接试验，焊缝外观如图 5-13 所示。主要研究了大、小两种典型的焊接热输入(其中，大热输入对应实际工程修复中的立焊和平焊位置，小热输入对应仰焊和横焊位置)对 EH36 钢对接接头组织和性能的影响。试验结果表明，在大、小两种典型热输入情况下，所有试样除硬度外的各项性能指标均满足 AWS D3.6M-2010 标准对 A 级焊缝的要求。

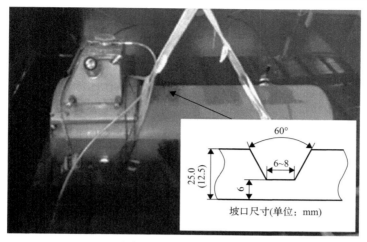

图 5-12　固定式排水罩

(a) 壁厚12.5mm，横焊位置，小热输入

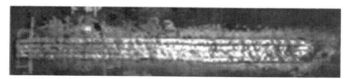

(b) 壁厚25.0mm，横焊位置，小热输入

(c) 壁厚12.5mm，平焊位置，大热输入

(d) 壁厚25.0mm，平焊位置，大热输入

图 5-13　横焊和平焊位置焊缝形貌

　　华南理工大学王振民等[55]研制了一套局部干法水下机器人焊接系统，并设计了一种具有全数字多波形柔性输出的大功率水下焊接电源，开发了紧凑型潜水送

丝装置，针对焊接局部保护和排渣难题开发了基于收缩喷管原理的双气帘结构微型排水罩（图 5-14）。通过搭建的水下机器人局部干法焊接试验平台开展水下焊接试验，结果表明研制的局部干法焊接系统样机的性能可靠，引弧成功率高，焊接过程稳定，焊缝成形美观。

(a) 排水装置的外形轮廓　　　　　　　　　(b) 排水装置内部的工作形式

图 5-14　双气帘结构的微型排水罩

1. 进气口；2. 内壁；3. 排水气；4. 保护气；5. 焊丝；6. 导电嘴；7. 外壁；8. 熔池；9. 焊缝；10. 排水气帘；11. 排渣区；12. 内壁；13. 工件

天津大学的沈相星等[56]研制开发了一种带预热功能的水下局部干法焊接专用排水罩，该排水罩结构如图 5-15 所示。该排水罩具有水下预热功能，适用于水下局部干法药芯焊丝半自动焊工艺，预热温度达到 60～80℃。利用该排水罩在水池中进行模拟焊接试验，结果表明焊接接头质量达到 AWS D3.6M：2010 规定的 A 级焊缝的各项性能要求。通过与其他水下焊接方法的试验结果对比发现，采用所研制的带预热功能的固定式排水罩进行水下局部干法焊接时接头的最大硬度显著降低，韧性也有明显提高。

北京石油化工学院的黄军芬等[57]利用 Fluent 计算流体力学软件对水下局部干法焊接中排水罩内的排水气体与焊接保护气体的流动状态进行了仿真，进而分析两种流体的压力和速度分布，以及排水气体对保护气体的影响。结果表明：随着排水气体与保护气体的不断导入，排水罩内两种流体的扩散逐渐均匀；焊枪喷嘴下方保护气体外围的相对压力最大，其值约为 3kPa，而且保护气层外侧的气流流速最大，从而起到了防止排水气体侵入的作用，使焊接电弧基本不受排水气流的影响。同时，将基于排水罩模型研制的排水罩集成到水下焊接机器人，并利用水下局部干法焊接试验平台模拟水深分别为 20m、40m 及 60m 条件下的水下焊接环境进行水下局部干法堆焊试验，所获得的焊缝表面成形良好，能够满足水下焊接质量的要求。

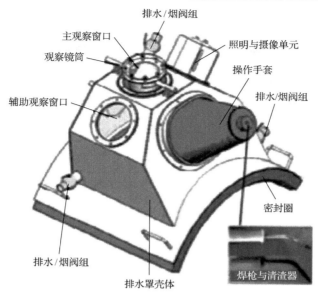

图 5-15　排水罩结构及可插拔式焊枪与清渣器

　　周凯等[58]利用 Fluent 软件对排水罩内的流场进行模拟，主要分析了排水罩进气口位置、数量和进气角度这三个因素对流场的影响。图 5-16 为通过多种结构形式的流场模拟，得出水下焊枪微型排水罩宜采用双向进气口、进气口水平向下倾角在 30°～50°的优化设计方案。图 5-16 和图 5-17 分别为水下焊枪的微型排水罩结

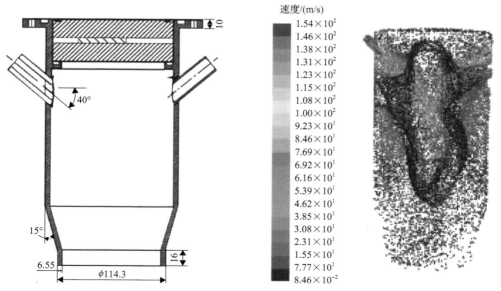

图 5-16　水下焊枪的微型排水罩结构(单位：mm)　　　图 5-17　排水罩流场分析结果

构和排水罩内的流场分析结果。

高延峰和胡翱[59]针对水下局部干法横向焊接时熔池受重力作用焊缝成形差的问题，通过优化排水罩结构，使排水罩内的高压气体在排水的同时产生稳定向上的风场吹袭熔池，从而抑制熔池下淌，并将焊接产生的烟雾迅速带出排水罩，从而大幅提高了焊接质量。他还采用数值模拟方法研究了排水罩内湍流气体的风场结构，优化了微型排水罩进气口位置的内部结构。试验研究发现，由端面进气，在排水罩内加挡板，并采用多孔隔板的排水罩可以产生理想风场。高压气体在排水罩内部对电弧等离子体的温度场、速度场和压力场的影响规律，如图 5-18 所示。

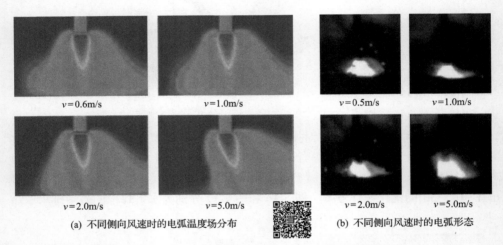

(a) 不同侧向风速时的电弧温度场分布　　　　　(b) 不同侧向风速时的电弧形态

图 5-18　排水罩风场仿真与试验结果对比(扫码见彩图)

华南理工大学的冯允樑[60]研制了可用于 630A 级的全数字逆变式 MIG 水下机器人焊接与增材专用电源，针对水下环境对电弧-电源系统的影响进行改进，使该焊接与增材专用电源具备 100%负载持续率及直流脉冲、双脉冲和交流方波/变极性等多种波形柔性输出的能力。在核乏燃料试验池 15m 水下进行局部干法焊接的过程中，电弧平稳、无断弧，焊缝成形效果及力学性能与陆上焊缝基本相似，该局部干法水下焊接电弧-电源系统如图 5-19 所示。

张彤等[61]设计了一款药芯焊丝微型局部干法焊接工艺，利用药芯焊丝在微型排水装置内燃烧产生的气体使待焊区域形成一个无水区，再利用 CCD 摄像头和双综示波器分析电弧图像及电流电压波形，并分析水下电弧稳定的影响因素。此后，该系统还配备了焊缝自动跟踪装置，提高了系统的自动化程度。局部干法水下药芯焊丝焊接微型排水罩示意图如图 5-20 所示。

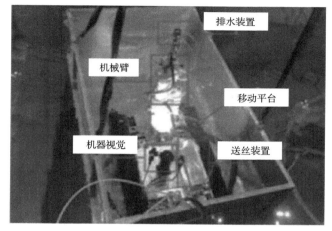

图 5-19　多功能局部干法水下机器人焊接系统

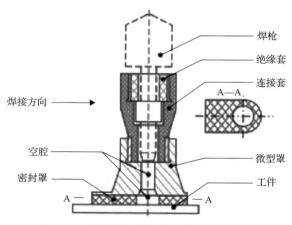

图 5-20　药芯焊丝焊接微型排水罩示意图

5.5　水下自动焊接排水装置研制

北京石油化工学院以国防科学技术工业委员会为依托,与上海核工设计院合作开展核电建造和维修水下焊接技术的研究。朱加雷等[62]采用气室式局部干法水下焊接技术进行焊接试验,探索和优化该技术条件下的焊接工艺,并对焊接接头的组织和性能进行研究。图 5-21 为水下局部干式试验系统示意图[63]。在试验过程中,焊接电流由电流传感器通过同轴电缆传输到计算机,电弧电压通过电压传感器并经低通滤波后也通过同轴电缆传输到计算机。同轴电缆可以进行长距离传输,符合水下焊接维修远程控制自动化作业工程应用的要求。水下焊接质量保证了系统的建立，改变了靠人的观察和感觉来定性评估焊接工艺方法，使水下焊接工艺评价提高到以数据信息为基础的定量评价的科学层面。另外，水下焊接有别于正常空气中的焊接，影响焊接过程和工艺的因素有很多，如大流量保护气体、焊接烟雾、焊接飞溅等，焊接过程中的任何偶然因素所引起的波动都会在分析仪统计的数据和生成的相应图表中得以反映，由此可以分析水下焊接过程的稳定性，并预判焊接质量[64,65]。

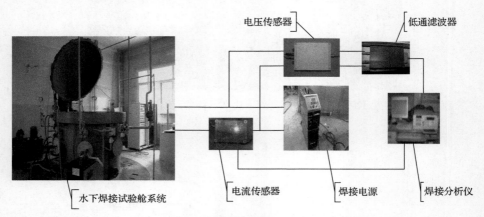

图 5-21　水下局部干式试验系统

5.5.1　排水装置设计

图 5-22 为北京石油化工学院核电建造维修课题中水下焊接试验用到的排水装置，整体结构和尺寸如图 5-23 所示。排水装置是局部干法水下焊接顺利进行的前提条件，也是局部干法水下焊接成功与否的关键。排水罩的主要作用就是使罩内的气压与罩外的水压处于动平衡状态，同时使气体成细小气泡平稳外逸，使阻挡罩外的水不能进入罩内，从而在排水罩内部形成稳定的无水区域，焊接电弧在保持动态平衡的罩内稳定燃烧。为了保证焊接过程的稳定性，提高焊缝质量，排水装置的结构、尺寸和密封垫的选择设计至关重要，它直接决定了焊接过程中无水区的大小和稳定程度。考虑到排水罩的整体重量，罩体材质选用铝合金，既可以在保证强度的前提下大幅减轻重量，又可以防止其长期在潮湿和水下环境工作中生锈。为了便于柔性焊枪的安装与固定，排水罩主体结构专门设计了柔性焊枪支撑凸台，凸台内部加工了 O 形圈密封槽，圆周均布压紧焊枪用的螺纹孔。柔性焊枪从侧面插入后通过 O 形圈实现了与排水罩主体之间的密封，并通过压紧螺栓进行固定。

图 5-22 排水罩主体实物照片

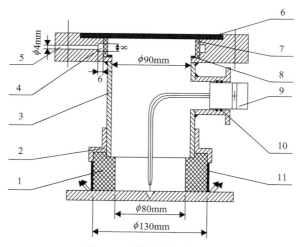

图 5-23 排水罩设计图纸

1. 密封垫；2. 螺纹法兰；3. 罩体；4. 缓冲气室；5. 进气孔；6. 玻璃；7. 金属筛网；
8. 卡簧；9. 柔性焊枪；10. O 形圈；11. 橡胶裙

　　焊接摄像机安装于排水罩顶端，与排水罩通过长螺栓杆进行连接。两者之间添加密封胶皮，通过调节连接螺栓杆上端的螺母使焊接摄像机和排水罩压紧密封胶皮，从而实现二者结合处的有效密封。排水罩安装完毕后的照片如图 5-24 所示。

　　考虑焊接过程中要经常更换密封垫、导电嘴等易耗件并调整焊枪姿态，为了方便操作，专门设计了排水罩翻转机构如图 5-25 所示。该机构固定在排水罩支架上，松开上面的六个压紧螺栓就可以很方便地将排水罩进行翻转，以便于易耗件的更换和对排水罩的维护。

图 5-24　排水罩安装就位照片

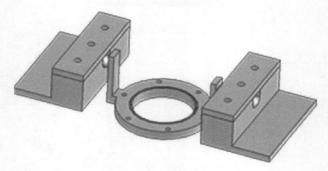

图 5-25　排水罩翻转机构图

5.5.2　进气方式设计

　　排水罩的进气方式对排水罩内的气流状况有很大影响。罩内气体的理想流态是作层状或流束状运动，即流体质点只有轴向速度分量，不产生径向速度分量，这样既可以减少气流对电弧的扰动，也有利于将焊接过程中产生的烟气下压、外排。为了改善气流状况，可加长排水罩的尺寸或改变进气方式。当圆管直径确定后，要使气流在管内获得近似于层流状态，其管子长度必须大于管子直径的 15～20 倍。这对本研究没有实用意义，所以需要通过用其他途径（如改变进气方式等）获得层流。

　　本试验研究了三种进气方式：径向进气、切向进气和带镇静气室的环向进气。其结构形式如图 5-26 所示。

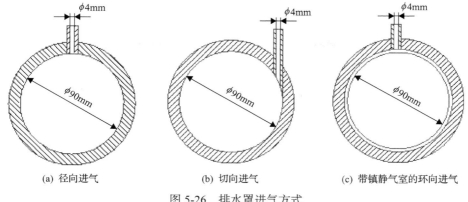

(a) 径向进气　　　　　(b) 切向进气　　　　　(c) 带镇静气室的环向进气

图 5-26　排水罩进气方式

从图 5-26 可以看出，(a)、(b) 两种方式用 ϕ4mm 进气管分别由径向和切向直接进入排水罩；而进气方式(c)则是由 ϕ4mm 进气管先进入截面为 8mm×6mm 的环状镇静气室减速，再通过 500 目的不锈钢金属筛网进入排水罩，通过这三种不同进气方式进入的排水气流的初始速度可按流体力学的连续方程进行粗略计算：

$$Q = Av \tag{5-1}$$

式中，Q 为气体流量$(\mathrm{m^3/s})$；A 为气流截面积$(\mathrm{m^2})$；v 为气流流速$(\mathrm{m/s})$。

三种方式的气流截面积分别为

$$A_\mathrm{a} = A_\mathrm{b} = \frac{1}{4}\pi \mathrm{d}^2 = \frac{1}{4}\pi(0.004)^2 = 1.2\times10^{-5}(\mathrm{m^2}) \tag{5-2}$$

$$A_\mathrm{c} = \pi Dh = \pi \times 0.09 \times 0.008 = 2.3\times10^{-3}(\mathrm{m^2}) \tag{5-3}$$

当排水气体流量为 80L/min，即 $1.28\times10^{-3}\ \mathrm{m^3/s}$ 时，由公式(5-1)可知三种进气方式的气流初始速度分别为

$$v_\mathrm{a} = v_\mathrm{b} = \frac{Q}{A} = \frac{1.28\times10^{-3}}{1.2\times10^{-5}} = 107\mathrm{m/s}$$

$$v_\mathrm{c} = \frac{Q}{A_\mathrm{c}} = \frac{1.28\times10^{-3}}{2.3\times10^{-3}} = 0.56\mathrm{m/s}$$

从上面的理论分析计算可以看出，对于同样的排水气体流量，带镇静气室的环向进气的气流初始速度远低于径向进气和切向进气，气流速度的降低有利于焊接电弧的稳定和对焊接过程的监视，并容易形成层状运动状态。因此，本研究采用带镇静气室的环向进气方式。

5.5.3　排水装置密封

密封垫是微型排水罩与钢板直接接触密封的部位，排水罩与工件之间的密封属于动密封。在焊接过程中，密封垫因受电弧和熔池的破坏而降低其密封性能，从而影响焊接过程的稳定性和焊接质量，因此对密封垫的研究是排水罩研制的重点。随着焊接过程的进行，要求密封垫的密封部件与工件之间要始终贴紧，所以就要求密封垫的密封材料具有一定的可压缩性，同时由于密封垫与焊接电弧的距离较近，并直接与焊接后的高温焊缝接触，故要求密封垫材料具有耐高温性能。经调研后选择美国标准 40D[①]和 60D 阻燃海绵。早期的密封垫采用阻燃海绵外侧加胶皮结构。阻燃海绵如同普通海绵一样柔软易变形，并具有一定的可压缩性，对于坡口焊接的密封而言，海绵底部在排水罩向下压力的作用下能够根据坡口形状尺寸做适应性改变并直接与坡口边缘贴合，起到了良好的辅助密封作用，这对于密封垫与钢板材料之间的动密封来说特别重要。同时，因海绵有较强的吸水效果，故可将排水时少量残留在钢板表面的水迹吸走，从而起到辅助排水的作用。

阻燃海绵虽然能在一定范围内耐受高温，遇明火不直接燃烧，可适当延长密封时间，但对于温度高达近千摄氏度的焊接电弧和熔池周围区域而言，其耐高温能力显然不够，阻燃海绵仍因很快烧损而降低甚至失去密封性能；另外，由于焊接过程可能存在的不稳定性，产生的焊接飞溅也会对阻燃海绵造成直接伤害。焊接密封过程中，密封垫最外侧是胶皮，基本不能压缩，而阻燃海绵为适应一定高度变化的密封，需高出胶皮一定高度，所以实际密封时，在密封垫与工件贴近力的作用下，阻燃海绵会受压变形并向密封垫内侧扩展，这在一定程度上缩短了阻燃海绵与焊接电弧之间的距离，加速海绵的烧损。因此，在早期的焊接试验中，排水罩的持续密封时间比较短，水下焊接过程中需中断焊接更换密封垫，这也通常造成连接处焊接质量不能满足要求。另外，烧损的海绵残渣也会残留在焊缝内部，形成夹渣缺陷。为此，考虑在阻燃海绵内侧安装有一定刚性且耐高温的部件，阻止海绵受压时向电弧方向变形同时又可以隔离焊接飞溅对阻燃海绵的损伤。本研究先后采用三种方式：不锈钢网套、陶瓷套管和金属套管。不锈钢网套选用厚度约为 1mm 的 50 目不锈钢网旋转制成，不锈钢网套具有一定刚度，可以阻止阻燃海绵向内侧变形，但其隔热性能差，基本不能避免电弧对阻燃海绵的直接炙烤，密封垫持续密封效果改善不太明显。陶瓷套管选择时要考虑密封垫安装拆卸的方便，由于阻燃海绵尺寸根据焊接区域范围已经确定，套管直径过大，则阻燃海绵不能套在套管外面，套管直径过小，则阻燃海绵与套管之间的摩擦力太小，连接不牢固，阻燃海绵的固定效果不佳。经试验选择陶瓷套管的外径比阻燃海绵的内

① D 表示密度，40D 表示密度为 40kg/m³ 的海绵。

径大 16mm，套管厚度 4mm，这样阻燃海绵单侧 8mm 的压缩量可以保证其与套管紧密连接，而套管的内径为 88mm，基本上与以前计算的排水罩内径尺寸一致。由于套管隔断了电弧对阻燃海绵的直接损伤，阻挡了焊接飞溅，所以密封垫的持续有效密封时间显著增加，但使用陶瓷套管的一个缺点是虽然陶瓷强度高且耐高温，但陶瓷易碎，在进行平板堆焊和坡口焊接的盖面焊时，因焊缝高出工件表面一定距离，此部分突出的焊缝对陶瓷套管会形成一定阻力，稍有不慎就会将陶瓷套管碰碎。综上所述，最后选择与陶瓷套管同样尺寸的金属套管，并将金属套管的长度设计为 60mm，在保证金属套管对阻燃海绵保护效果的同时，使套管上端有约 25mm 距离深入排水罩主体当中，这样当焊缝高度高出工件表面时，在密封垫和工件之间贴紧力的作用下，金属套管会相应地沿阻燃海绵内圈上移，进而避免金属套管与焊缝之间出现卡死的现象。

金属套管虽然本身耐高温，但其热导率高，传热效果好，长时间焊接时，高温的金属套管也会对阻燃海绵起到破坏作用。因此，考虑在金属套管和阻燃海绵之间再增加一层耐高温、低传热的材料。碳纤维毡是以聚丙烯腈为原料针刺而成，经热稳定化、碳化、高温处理后制成的一种毡体，由于毡中 90% 为孔隙，故它在真空或惰性气氛中的隔热保温性能非常优越，性能稳定；由于它重量轻，比热容小，质地柔软、绝热性能好，操作方便，可快速升温、降温、急冷、急热、不变形，特别在高温条件下性能稳定，易于加工成任何形状，在空气中的耐热温度可达 1800～2500℃，在惰性气氛中最高可耐 3000℃，因此是作为金属套管和阻燃海绵中间层的理想材料。用 5mm 厚的碳纤维毡胶黏于金属套管外侧，然后安装阻燃海绵，最后将整个组合部件固定在密封垫胶皮的内侧。

密封垫最外层是一层厚度为 4～5mm 的胶皮，可起到一定的密封垫固定作用，配合气体的动压对排水罩外部的水起隔断作用，使焊接电弧移动时可免受外部水的影响。同时，对保护气流的外逸起限流作用，由于胶皮上端与排水罩主体连接处密封，迫使排水气体只能从胶皮底部与工件结合处流出，保护气体通过胶皮底部与工件间的狭小间隙能形成细小的均匀气泡连续外逸，从而避免了大气泡外逸的翻腾现象，达到稳定焊接电弧的目的，优化了排水效果。这在下面的密封状态理论分析中得到了验证。密封垫结构如图 5-27 所示。

5.5.4　密封状态理论分析

排水罩与焊件接触部位应要求单向密封，即允许罩内气体排出，不允许罩外的水进入。因此，可以采用流体力学环形平面缝隙模型、气体流速计算公式、流态判断雷诺数计算公式对流体状态进行理论分析。

本设计的密封垫由组合材料和外侧的胶皮共同起单向密封作用，如图 5-27 所示。罩内气体流过排水罩密封垫底部与工件之间缝隙时的流态状况可以应用流体

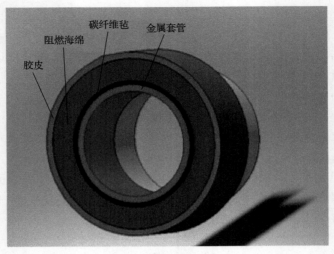

图 5-27　密封垫结构

力学的环形平面缝隙模型，按式(5-4)进行计算：

$$Q = \frac{\pi \delta^3 (P_1 - P_2)}{6\mu \ln(r_2/r_1)} \tag{5-4}$$

式中，Q 为缝隙处流量；μ 为流体动力黏度，取 $15.7 \times 10^{-5}\,\mathrm{Pa \cdot s}$；$P_1 - P_2$ 为排水罩内外压差，在保证密封垫与工件良好接触的前提下，内外压差值很小，计算时取 0.05MPa；r_1 为密封垫内圈半径，为 45mm；r_2 为胶皮罩外圈半径，为 65mm；δ 为密封垫与工件表面间的间隙。由于排水罩是贴在工件上运动的，故此值很小，约 0.1mm。将上述各参数值代入公式(5-4)，求得

$$Q = \frac{\pi \delta^3 (P_1 - P_2)}{6\mu \ln(r_2/r_1)} = 4.63 \times 10^{-4}\,\mathrm{m^3/s} = 28\mathrm{L/min}$$

将 Q、A 代入式(4-1)求得 v 值，可得

$$v = \frac{Q}{A} = \frac{9.26 \times 10^{-4}}{2\pi \times 0.065 \times 0.0001} = 11.4\,(\mathrm{m/s})$$

根据流体流态判断的雷诺数公式：

$$Re = \frac{v d_{\mathrm{H}}}{\gamma} \tag{5-5}$$

式中，v 为气体流速；d_{H} 为水力直径($4A/S$，S 为过流断面与固体接触周长)；γ 为

流体运动黏度，取 $15.7 \times 10^{-5}\,\mathrm{Pa \cdot s}$。

当密封垫与工件间的间隙为 0.1mm 时，流过其间流体的雷诺数为

$$Re = \frac{vd_\mathrm{H}}{\gamma} = \frac{v \times 4A/S}{\gamma} = \left(11.4 \times 4 \times \frac{2\pi \times 0.065 \times 0.0001}{2 \times 2\pi \times 0.065}\right)\bigg/ 15.7 \times 10^{-5} = 14.5$$

此值远小于临界雷诺数 2320，故可以判断从密封垫底部与工件间的流体呈层流状态流出。

通过上面的计算过程可以看出，在排水罩尺寸一定的前提下，对于理想的排水状态而言，排水所需气体流量只与罩的内外压差有关。

5.5.5　罩内气体流动状态分析

Fluent 软件是专门的流体分析软件，可以用它来模拟从不可压缩到高度可压缩范围内的复杂流动。采用 Fluent 软件分别对三种不同进气方式下排水罩内气流的速度和压力进行模拟，从而研究进气方式对排水效果的影响。

1）模型假设及主控方程

流场模型建立在三维直角坐标系下，提出以下几个基本假设条件。

（1）焊接过程中，罩内气体比热容等物性参数为常量。

（2）流体为紊流不可压缩均质流体，气体密度为常量。

（3）流体为黏性各向同性的牛顿流体。

（4）对模型进行仿真计算的主控方程如下。

连续性方程：

$$\frac{\partial u}{Dx} + \frac{\partial v}{\partial y} + \frac{\partial w}{\partial z} = 0 \tag{5-6}$$

运动微分方程：

$$\rho \frac{Du}{Dt} = \rho F_X - \frac{\partial p}{\partial x} + \mu \left(\frac{\partial^2 u}{\partial x^2} + \frac{\partial^2 u}{\partial y^2} + \frac{\partial^2 u}{\partial z^2} \right) \tag{5-7}$$

$$\rho \frac{Dv}{Dt} = \rho F_Y - \frac{\partial p}{\partial y} + \mu \left(\frac{\partial^2 v}{\partial x^2} + \frac{\partial^2 v}{\partial y^2} + \frac{\partial^2 v}{\partial z^2} \right) \tag{5-8}$$

$$\rho \frac{Dw}{Dt} = \rho F_Z - \frac{\partial p}{\partial y} + \mu \left(\frac{\partial^2 w}{\partial x^2} + \frac{\partial^2 w}{\partial y^2} + \frac{\partial^2 w}{\partial z^2} \right) \tag{5-9}$$

式（5-6）～式（5-9）中，u、v、w 分别为对应直角坐标轴 x、y、z 三个方向上的速

度分量；F_X、F_Y、F_Z 分别为对应直角坐标轴 x、y、z 三个方向上的分量；ρ 为密度；μ 为动力黏度系数。

2）建模及网格划分

无论是哪种进气方式，排水罩的内径都是不变的。因此，为了简化模型，可将排水罩的罩体建模为圆筒状结构。运用 Gambit 软件采用自下而上由点到面再到体的建模方式对三种方案分别建立三维模型，采用四面体非均匀网格技术进行网格划分，设置入口、出口，生成三维有限元模型并生成 mesh 文件。三种进气方式下的网格划分结果如图 5-28 所示。

(a) 径向进气   (b) 切向进气   (c) 环向进气

图 5-28   网格划分结果

3）求解参数设置

将 mesh 文件导入 FLUENT 软件，对求解器进行设置，采用静态 $\kappa\text{-}\varepsilon$ 湍流模型。由于焊接过程中以氩气作为排水气体。因此，材料设置中设定材料为氩气，具体的物性参数如表 5-1 所示。将模型上部的总进气口设置为速度入口，假设排水时的气体流量为 80L/min，由前面的计算可知，径向进气和切向进气方式转化为入口的气体流速为 107m/s，而带镇静气室的环向进气方式的入口速度为 0.56m/s。模型底部设置为压力出口，由密封状态理论分析中的公式(5-4)可知，对于水下焊接而言，排水效果只与排水罩内外的压力差有关，与水深无关，文献中内外压差的试验值是 0.1MPa，考虑坡口及焊缝凸起等对密封效果的影响，将排水罩出口压力设定为 0.15MPa。设定合理的收敛因子并设置残差监视器，设迭代次数为 1000次，分别对三种进气方式的模型进行计算，计算结果收敛。

表 5-1   氩气物性参数表

气体密度 (0℃, 101.325kPa) /(kg/m³)	比容 (21.1℃, 101.325kPa) /(m³/kg)	比热容 (101.325kPa, 270K) /[J/(kg·K)]	黏度 (101.325kPa, 0℃) /(MPa·s)	导热系数 (101.325kPa, 270K) /[W/(m·K)]
1.7841	0.6037	519.16	0.02083	0.01620

4)计算结果分析

模拟计算三种进气方式下的压力云图和速度云图分别如图 5-29 和图 5-30 所示。从 Fluent 数值模拟结果可以明显看出：在焊枪所在位置，切向进气且无镇静气室排水罩的罩内气流最紊乱，气体的压力和速度分布不均匀，在焊接时对焊接电弧有较大影响，从而造成电弧紊乱。径向进气的罩内气流较切向进气的排水罩有所改善，但速度分布仍不理想，排水罩上部气流较紊乱，不利于焊接烟雾的下压和外排。在这三种进气方式中，带镇静气室的环向进气排水罩的结构最合理，气体在镇静气室内得到了充分缓冲，进入罩内后的速度分布和压力分布很均匀，进而保证罩内气流的稳定。排水罩上部气流的速度大于下部，能够达到将焊接烟雾下压和排出的目的。

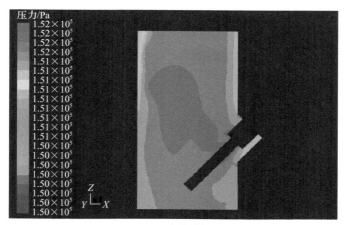

(a) 切向进气

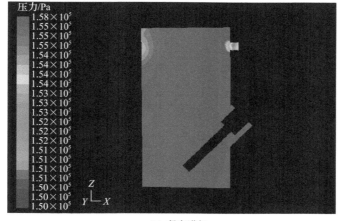

(b) 径向进气

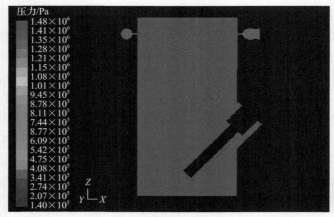

(c) 环向进气

图 5-29　三种进气方式下的压力云图（扫码见彩图）

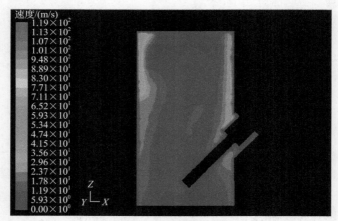

(a) 切向进气

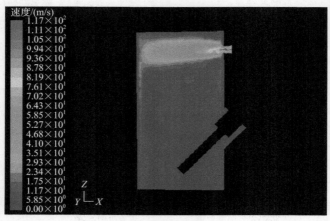

(b) 径向进气

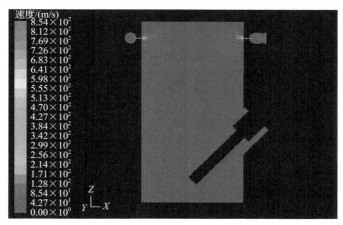

(c) 环向进气

图 5-30　三种进气方式下的速度云图(扫码见彩图)

5.6　排水性能试验

排水罩是局部干法水下焊接成功与否的关键,而排水罩良好的排水密封性能是实现局部干法水下焊接的前提条件。

5.6.1　海绵密度对排水效果的影响

在排水罩研制出后,为了直观地观察排水罩的排水效果,初步确定达到理想排水效果时所需的排水气体流量,了解用作密封垫的海绵密度对排水效果的影响,在试验水盆内进行了一系列排水试验。试验时的照片如图 5-31 所示,试验时自排水罩底端到水面的距离为 150mm,通过试验人员手动操作使排水罩移动,如果移动速度过慢,人员手动操作排水罩时会出现抖动现象。为了保证操作过程的稳定性,经过多次试验,将排水罩相对水盆的移动速度设定为 1.8m/min。分别将密度为 40D 和 60D 的海绵作为密封材料进行试验,以罩内中心残留的水珠直径表征排水效果,排水气体流量对排水效果的影响曲线如图 5-32 所示。从图 5-32 可以看出,在相同的气体流量下,以同样的速度移动排水罩,其排水效果随海绵密度的增大而提高。这是因为海绵密度增加,海绵的吸水能力增强,在移动过程中可以吸收更多残留在海绵周围的水分;海绵密度增加,挺度增大,也有利于罩体与水盆底部的贴合,从而更有利于密封,因此在较小的排水气体流量下,可以获得较好的排水效果。一般情况下,同样的排水效果,60D 海绵需要的气体流量比 40D 海绵少 2.5L/min。另外,从图中也可以看出,对于两种海绵中的任何一种,使用手动操作排水时,当排水气体流量达到 10L/min 时,均可以实现有效排水。

图 5-31　舱外排水试验照片

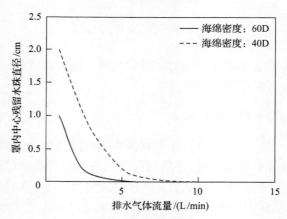

图 5-32　排水气体流量对排水效果的影响

当排水气体流量一定时,排水罩的移动速度对排水效果的影响曲线如图 5-33 所示。从图中可以看出,在相同的气体流量下,排水罩的移动速度越小,密封排水效果越好,这种规律对于 40D 的海绵来说尤为明显。因此,如果单纯考虑排水罩的排水效果,同样的密封海绵在相对较高的气体流量和相对较低的移动速度下能够获得较好的排水效果。

需要说明的是,由于排水试验是由操作人员手动移动排水罩,所以在移动的过程中可以随时调节贴紧力,因此排水密封所需的气体流量比舱内自动运动排水试验时要小。

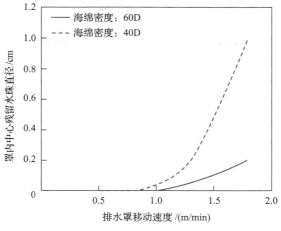

图 5-33　移动速度对排水效果的影响

5.6.2　水面以上位置静态排水试验

　　确定湿度变化范围是量化评价排水效果的前提条件,在水面以上位置对不锈钢平板进行静止状态下的排水试验，排水前将排水罩与不锈钢平板表面贴合。试验结果表明，在开始排水的时间段内，湿度值下降得非常快，将罩内湿度值从 RH40%[①]降到 RH20%时所用时间约是从 RH40%降到 RH5%时所用时间的1/10，而在 RH5%的情况下继续通入排水气体，对罩内湿度的影响很小，可以忽略。在正常水下焊接的过程中，由于排水罩入水前已经提前供气，出水后才停止排水供气，因此整个焊接过程没有水进入排水装置内部，排水罩内的初始湿度值也在 40%左右，而 20%的相对湿度与空气中良好焊接环境的湿度值相当，虽然在实际焊接过程中可能受密封垫烧损等因素的影响，排水效果会适当降低，但仅从研究排水效果的排水试验来讲，湿度变化区间从 RH40%～RH20%能够满足研究需求。

　　需要指出的是，本研究所说的排水是一个广义概念，指的是排水罩内部的湿度值从 RH40%降低到 RH20%的一个过程,排水时不一定要求排水罩完全处于水中。另外，湿度值是在排水罩底部密封垫处测得的，不是待焊钢板表面的湿度值。由于在整套排水装置入水的过程中，可能有水进入罩内，所以即使罩内的湿度值达到了要求值，待焊钢板表面仍可能有小部分水膜残留从而影响引弧成功率。同时，在焊接过程中，焊接电弧炙烤及坡口、焊缝等对密封垫的密封效果都有影响。因此，在实际水下焊接时，排水气体流量和排水时间等参数应适当增大。

[①] RH（relative humidity）表示相对湿度，RH40%表示相对湿度为 40%，类似相同理解。

气体流量对水上静止平板排水效果的影响曲线如图 5-34 所示。从图中可以看出，随着气体流量的增加，同样的湿度变化范围所需要的排水时间逐渐缩短，而对于同样的排水气体流量，随着湿度的逐渐减小，同样的湿度变化范围所需要的排水时间逐渐增加。

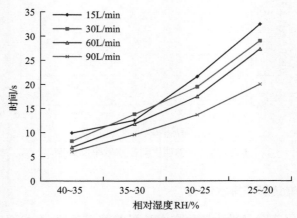

图 5-34　气体流量对排水效果的影响

由常压排水试验可知，排水罩与钢板之间的相对运动速度对密封效果有一定影响，而高压舱内的焊接运动只有直行和摆动，因此本节通过水上平板直行排水试验来研究舱内水上环境的运动速度对排水效果的影响，焊接直行运动速度对排水效果的影响曲线如图 5-35 所示。从图中可以看出，随着车速的增加，同样的湿度变化所需要的时间逐步增加，但增加幅度较小，相对整个焊接排水过程的时间来讲可以忽略；而对于同样的车速值，随着湿度值的逐渐降低，同样的湿度变化范围所需要的排水时间则有较大增加。

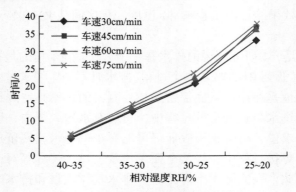

图 5-35　直行速度对排水效果的影响

在保证排水气体流量不变的前提下，改变摆动机构的摆动速度，进而研究摆动焊接时摆动速度对排水效果的影响，此时焊接平台的运动参数为车速 60cm/min，摆幅 20mm，滞时 0.2s，气体流量 15L/min，摆动速度对排水效果的影响曲线如图 5-36 所示。从图中可以看出，当摆动速度为 60cm/min 时，同样的湿度变化所需要的时间最短。当摆动速度为 90cm/min 时，同样的湿度变化所需时间最长，而当摆动速度上升到 120cm/min 和 150cm/min 时，同样的湿度变化所需要的时间较 90cm/min 有所下降，但对于整个湿度变化区间来看，湿度从 RH40% 降低到 RH20%，总的排水时间相差不大，因此摆动速度对排水过程总体时间的影响不大。而对应同样的摆动速度值，随着相对湿度值的逐渐降低，同样的湿度变化范围所需要的排水时间也在逐渐增加。

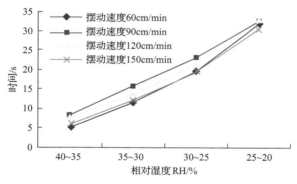

图 5-36　摆动速度对排水效果的影响

5.6.3　水下环境排水试验

在进行舱内水下排水试验时将排水罩密封垫与水下钢板贴合，并将排水罩的罩体以下部分全部浸入水中，相当于 100mm 的水下环境。试验情形示意图及试验照片如图 5-37 所示。在研究水下环境对排水效果的影响时，为了便于对比分析，使用与水上环境试验相同的气体流量进行排水试验，水下环境排水试验结果如图 5-38 所示。从图中可以看出，水下排水试验时的湿度变化规律与水上试验结果一致，随着排水气体流量的增加，同样的湿度变化范围所需的排水时间逐渐缩短；而对于相同的排水流量，随着湿度值的逐渐降低，同样的湿度变化范围所需要的时间逐渐增加。

对于同样的气体流量，将水上排水时间和水下排水时间进行对比，选择的排水气体流量分别为 30L/min 和 90L/min，对比结果如图 5-39 所示。从图中可以看出，对于同样的排水气体流量而言，同等湿度变化范围，水下排水所需要的时间比水上排水所需时间明显延长，且随着排水湿度值的逐渐降低，所累积的时间差值也逐渐增加。

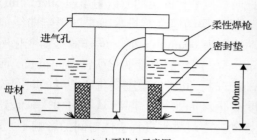

(a) 水下排水示意图　　　　　　　　　　(b) 水下排水罩外照片

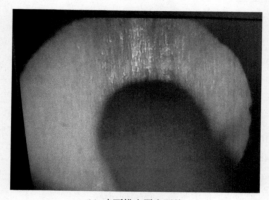

(c) 水下排水罩内照片

图 5-37　舱内水下排水试验

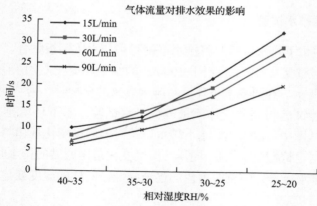

图 5-38　水下 100mm 水深排水试验结果

　　为了研究水下环境的运动速度对排水效果的影响，进行水下平板直行排水试验，排水气体流量为 15L/min，试验结果如图 5-40 所示。从图中可以看出，在水下 100mm 的平板堆焊排水过程中，由于内外压差较小，根据环形平面密封理论，

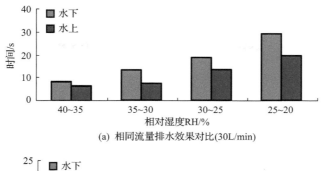

(a) 相同流量排水效果对比(30L/min)

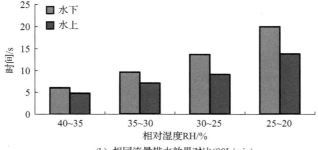

(b) 相同流量排水效果对比(90L/min)

图 5-39　相同气体流量水上与水下排水时间对比

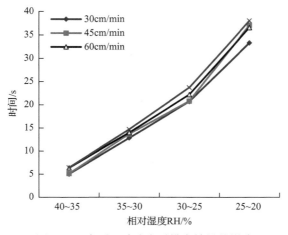

图 5-40　水下运动速度对排水效果的影响

排水所需的气体流量也很小，15L/min 的气体流量完全可以将水排干。水下直行排水试验结果与水上直行试验结果相似。随着直行速度的增加，相同湿度变化范围对应的排水时间逐渐增加，但整体来看，由不同直行速度引起的时间增加并不明显，所以对于水下平板堆焊直行焊接而言，基本可以忽略速度变化对排水时间的影响。同样，将相同直行速度时水下环境与水上环境的排水时间进行对比，结果如图 5-41 所示。从图中可以看出，对同样的直行速度而言，水下排水时间较水上排水时间要适当增加，直行速度越小，水下环境对排水时间的影响越明显。这是因为当直行速度较大时，即使对于水上而言，排水时间也较长，水下环境排水时间的增加值对整个排水时间来说相对较小。

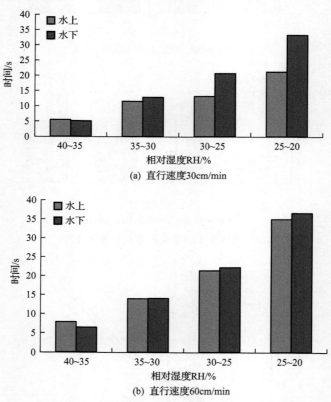

(a) 直行速度30cm/min

(b) 直行速度60cm/min

图 5-41　相同直行速度时水下与水上排水时间对比

对于摆动过程而言，可能影响排水效果的因素较多，除直行速度外，还包括摆动速度、摆动幅度、滞时等运动参数。水下 100mm 的平板摆动排水结果表明，排水效果基本不受运动参数变化的影响，只与排水气体流量有关，由于在摆动过程中加大了密封垫与工件之间的密封难度，所以密封垫与工件表面间的间隙有所增加。由公式(5-4)可知，排水所需气体流量也要适当增加。同直行排水过程相比，为了获得同样的排水效果，排水气体流量需要从原来的 15L/min 提高到 30L/min。

5.7　局部干法自动水下焊接工艺研究

获得优质的水下焊缝质量是局部干法水下焊接的中心任务，围绕该中心，本节对可能影响水下焊接质量的相关因素及影响规律进行深入研究。相关影响因素包括焊接保护气、焊接方式、送丝速度、坡口形式和环境水深等，此外对焊接质量的过程监控也是水下焊接的重点。研究相关因素对焊接过程稳定性的影响规律可为奥氏体不锈钢局部干法水下焊接提供优化的工艺参数。

5.7.1　平板堆焊焊接工艺

所谓平板堆焊，就是直接在待焊不锈钢钢板表面堆覆焊缝金属的焊接方式，对于局部干法水下焊接而言，采用平板堆焊焊接方式的钢板与密封垫接触部分属于平面与平面之间的接触，符合环形平面缝隙模型的特征，最容易实现密封。另外，由于在平板堆焊焊接时，只是在钢板表面堆积金属，不存在坡口焊接时熔池与坡口侧面的熔合问题，所以也就不存在未熔合和未焊透等缺陷。为了提高水下焊接效率并避免多次焊接时焊缝结合处产生缺陷，针对水下摆动焊接进行研究，分析在相同送丝速度时，焊接过程的主要运动参数——车速、摆速、滞时等对焊接过程和焊缝成形的影响。在平板堆焊焊接工艺试验时，选择固定的工艺参数和数值，如表 5-2 所示。

表 5-2　平板堆焊工艺参数

焊接环境	专家程序号	送丝速度/(m/min)	排水流量/(L/min)	设置弧长
水下 100mm	623	7.0	30	3

在表 5-2 参数的基础上，研究车速对焊缝成形的影响。摆动方式为"弓字形"。设定摆动速度为 180cm/min，滞时为 0.2s，车速分别设定为 40cm/min、60cm/min、80cm/min 和 100cm/min。各设定车速对应的焊缝照片如图 5-42 所示。

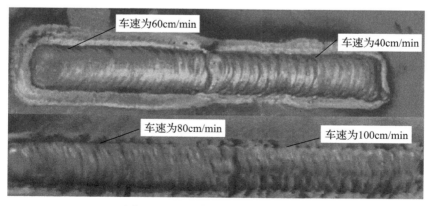

图 5-42　不同车速对应的焊缝照片

从图中可以看出，在水下"弓字形"摆动焊接过程中，在其他参数不变的前提下，随着车速的增加，由于滞时固定不变，所以相邻两次摆动之间的距离逐渐增加，焊缝成形在车速为 60cm/min 时最理想，焊缝表面相对平滑均匀且没有可见缺陷。在 40cm/min 时，焊缝堆积过于紧凑，而在 80cm/min 和 100cm/min 时，焊缝表面两侧出现了相邻两次摆动之间未能完全结合的缺陷，在 100cm/min 时这种现象最为明显。

在表 5-2 的基础上，设定车速为 60cm/min、摆速为 180cm/min 固定不变，通过改变滞时研究其对焊缝成形的影响，滞时的设定值分别为 0.1s、0.2s、0.3s、0.4s。各参数对应的照片如图 5-43 所示。从图中可以看出，随着滞时增加，焊缝表面相邻两次摆动之间的距离明显增加，当滞时设置为 0.1s 时，由于焊接摆动至两侧时相对于送丝速度而言的停留时间较短，焊丝熔化的金属不能在工件表面得到很好的摊覆，所以在焊丝正下方堆积了大量的熔融金属，使焊接过程的飞溅增加，焊接稳定性降低，甚至造成导电嘴的阻塞和烧损，无法进行持续焊接操作。当滞时分别为 0.3s 和 0.4s 时，焊丝摆动至两侧时的停留时间相对于送丝速度而言较长，在车速不变的情况下，相邻两次摆动在焊缝两侧边缘形成的间隙较大，甚至不能完全结合，故焊接质量无从保证。当滞时为 0.2s 时，焊接过程中焊丝的熔化速度能够和运动速度形成良好匹配，焊接过程稳定，焊丝下方无明显熔融金属堆积，焊缝两侧结合良好，无可见的焊接缺陷。

(a) 滞时为0.1s　　　(b) 滞时为0.2s　　　　　(c) 滞时为0.3s　　　　　(d) 滞时为0.4s

图 5-43　不同滞时对应的焊缝照片

由此可以看出，在"弓字形"摆动焊接过程中，在车速一定的前提下，滞时变化对焊接质量的影响比较大，对于 ϕ1.0mm 的焊丝而言，滞时为 0.2s 时的焊接质量最好。

同样地，在表 5-2 的基础上，设定车速为 60cm/min、滞时为 0.2s 固定不变，通过改变摆速研究其对焊缝成形的影响，摆速设定值分别为 120cm/min、150cm/min、180cm/min 和 210cm/min，其对应的照片如图 5-44 所示。从图中可以看出，在一定的范围内，摆动速度的变化对焊缝成形的影响不明显，但整体来讲，随着摆动速度的增加，焊缝表面金属堆积的纹路逐渐变细，焊缝成形得到改进，但摆动速度过大，摆动频率相应增加，又会使整套焊接设备的稳定性降低，焊接区域的晃动严重，反而会恶化焊缝成形。因此，应综合考虑选择相应的摆动速度，一般情况下摆动速度在 120～180cm/min 均可满足要求。

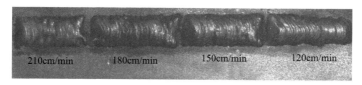

图 5-44　不同摆动速度对应的焊缝照片

　　在摆幅的设定中，因为在水下焊接中，为了更好地密封以达到良好的排水效果，排水罩和试件在保证可移动的情况下应尽可能贴紧，由于海绵、密封胶皮、套管和试件之间的摩擦作用，在水下焊接时，实际摆幅小于手控盒设定的摆幅值。同时，考虑在焊接过程中摆动对中的误差及焊接盖面，摆幅的设定值要大于实际坡口的宽度，一般情况下，根据排水罩密封垫与焊接工件之间贴紧力的不同，摆幅的设定值需大于坡口实际尺寸 5～10mm，贴紧力越大，摆幅设定值与坡口实际尺寸之间的差值越大。

　　以上分析是针对特定焊丝直径和送丝速度进行的，在摆动焊接中，对于不同的焊丝直径和送丝速度，各运动参数也应做相应改变。整体趋势是随着焊丝直径和送丝速度的增加，焊接车速需相应提高，滞时适当延长。但是，摆动速度和摆幅值的变化相对较小，如果焊丝直径和送丝速度的变化不大，那么摆动速度和摆幅值可以不作改变。

　　在上述试验的基础上，进行 304 不锈钢平板堆焊焊接试验，试验参数如表 5-3 所示。考虑在焊接过程中焊缝凸起对排水罩密封性能的影响，故排水气体流量应比排水试验时的确定值略大。5m 水深和 15m 水深平板堆焊的焊缝照片如图 5-45 所示，从图中可以看出，平板堆焊焊缝表面光滑、平整，成形美观，焊缝截面无宏观可见缺陷。在同样的焊接参数下，15m 水深焊缝的宽度略小于 5m 水深焊缝，堆高比 5m 水深时略有增加，这种现象出现的主要原因是在 15m 水深焊接时，为了避免排水罩进水，密封垫与工件之间的贴紧力稍大于 5m 水深时的贴紧力，从而造成实际运动参数值相对 5m 水深的参数值偏小[66]。

表 5-3　平板堆焊正式焊接工艺参数

焊接环境	专家程序号	送丝速度/(m/min)	车速/(cm/min)	摆速/(cm/min)	摆幅/cm	滞时/100ms	保护气体流量/(L/min)
5m 水深	623	7.0	60	180	22	2	40
15m 水深	623	7.0	60	180	22	2	40

(a) 焊缝表面成形照片

(b) 焊缝截面宏观照片

图 5-45　平板堆焊焊缝照片

5.7.2　坡口堆焊焊接工艺

采用坡口堆焊是考虑在实际的修复工作中，对于没有完全贯通的裂纹，只需要对裂纹部位开设堆焊坡口，并在坡口上堆积焊缝金属，这样就可以对原来的焊接裂纹进行修复。坡口堆焊的坡口形状及尺寸如图 5-46 所示。

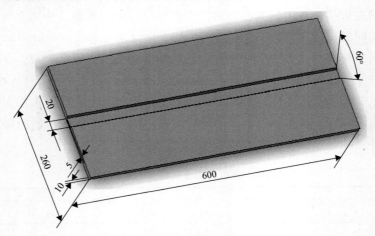

图 5-46　坡口形状及尺寸(单位：mm)

北京石油化工学院进行了水上干式环境、水下 5m 和水下 15m 三种情况下的 304 不锈钢坡口堆焊焊接，并以此分析水深及水下环境对不锈钢焊接质量的影响规律。焊接过程中的监视图像如图 5-47 所示，从图中可以清晰地看出，在焊接过程中的电弧、熔池及焊枪图像，从而为远程遥控提供了基础。

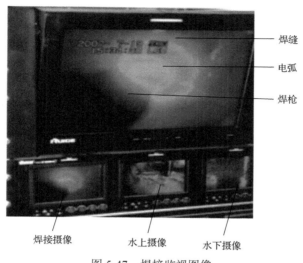

图 5-47　焊接监视图像

各焊接环境对应的工艺参数如表 5-4 所示。试验表格中记录的数值均为焊机面板及焊接平台手控盒上的设定值。如前所述，因为在水下焊接中，为了实现更好的密封以达到良好的排水效果，排水罩和试件在保证可移动的情况下应尽可能地贴紧，由于海绵、密封胶皮和试件之间的摩擦作用，在水下焊接时，实际摆幅小于手控盒设定的摆幅值。因此，焊接工艺中设定的摆幅值应略大于试件的坡口尺寸。

表 5-4　坡口堆焊工艺参数

焊接环境	焊层	送丝速度 /(cm/min)	弧长 /mm	车速 /(cm/min)	摆速 /(cm/min)	摆幅 /mm	滞时 /100ms	气体流量 /(L/min)
干式	第一层	6.8	1	42	128	24	2	18
	第二层	6.8	1	42	128	30	2	18
5m 水深		7.0	4	39	128	29	2	60
15m 水深		7.0	4	39	128	29	2	120

由于不锈钢材料的热敏感性较强，在 450～850℃的停留时间稍长，焊缝及热影响区的耐腐蚀性能严重下降且易发生焊接热裂纹，同时不锈钢的线膨胀系数大，焊接容易产生较大的焊接变形。因此，在空气中焊接不锈钢时要采用小电流，并以快速焊接方式减少焊接线的能量和热输入，所以尽管坡口的深度仅有 5mm，但

仍可采用双层焊接方式。而对于水下焊接而言，由于排水罩处于水下环境，虽然排水罩内部空间在焊接时没有水的存在，但排水罩周围及钢板背面的水仍会对焊缝及热影响区形成一种强制的冷却作用，从而极大地减少其在高温的停留时间，所以对于水下焊接而言，可以适当提高送丝速度，降低焊接车速，同时由于坡口较浅(5mm)，并且水下焊接比在空气中焊接的实际移动速度慢，故采用焊缝一次成形的方式进行焊接。焊接时，为了探讨水下环境及水深对焊接过程的影响，设三种焊接情况的焊接参数基本相同。需要指出的是，初始水下焊接试验时使用的密封垫只是最初的阻燃海绵加胶皮的形式。阻燃海绵在强烈弧光及熔融熔池的"炙烤"下逐渐烧焦，随着海绵的逐步烧损，达到同样排水效果所需的气体流量逐渐增加，因水深不同，环境压力也不同，因此水下焊接时的氩气流量较空气中焊接时明显增大，并且随着水深的增加，氩气流量也相应增加。尽管如此，当密封垫烧损到一定程度后，增加气体流量仍不能进行有效密封，此时必须暂停焊接，待更换新的阻燃海绵后才能继续进行焊接，这会造成两次焊接的焊缝接头处不能良好地结合。三种环境下所得的焊缝照片如图 5-48 所示。图中圆圈标示位置即更换密封垫后的焊缝结合处，这对水下焊接质量的影响较大，为焊接缺陷的产生留下了隐患。从图中可以看出，干式焊接环境的焊缝成形美观，无明显可见缺陷，而水下环境焊接的焊缝均有明显的连接痕迹。其主要形成原因是密封垫的持续有效密封时间比较短，当密封效果达不到水下焊接的需要时，焊接过程不得不人为中断。为此设计了第 4 章所述的新的组合材料密封垫，密封垫的持续有效密封时间明显延长，对于 300mm 的不锈钢焊缝可以一次焊接完成，不需要中间再更换密封垫，从而有效降低了焊接缺陷产生的可能性，提高了焊接质量。采用新的密封垫后使用同样的焊接参数，5m 水深的焊缝照片如图 5-49 所示，图中焊缝长度约为300mm。从图中可以看出，新的焊缝一次焊接完成，没有明显可见缺陷。

选择三种情况下各自焊接过程中相对稳定的区域，使用焊接质量分析仪对焊接工艺数据进行采集和统计，并对干式环境、5m 水深和 15m 水深焊接过程的稳定性进行分析评价。干式焊接时的数据对应第一层焊缝。测得三种焊接情况下电弧电压的概率密度分布叠加图如图 5-50 所示。其中，在三种情况下统计得到的电弧电压线性平均值分别为 28.2V、27.9V 和 24.8V。图 5-51 是在三种焊接情况下焊接电流的概率密度分布叠加图。统计得到的焊接电流线性平均值分别为 142A、136.8A 和 134.8A。

在图 5-50 和图 5-51 中，曲线 1、曲线 2 和曲线 3 分别对应 15m 水深、5m 水深和干式环境下的焊接参数曲线。图 5-50 中的曲线 1 既不是爆炸过渡时对应的双驼峰状曲线，也不完全符合渣壁过渡时的曲线特征，曲线左边既存在爆炸过渡时的低电压区域，也存在渣壁过渡时低落的波动曲线。对于图 5-51 中曲线 1 的焊接电流概率密度分布曲线，该曲线既存在爆炸过渡时电弧重燃初期的小电流，又不

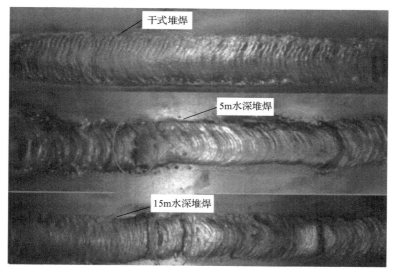

图 5-48　坡口堆焊焊缝照片

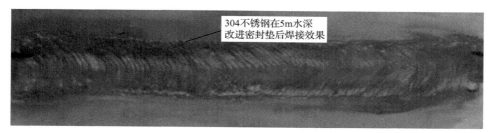

图 5-49　304 不锈钢材料在 5m 水深条件下采用改进密封垫后的焊缝

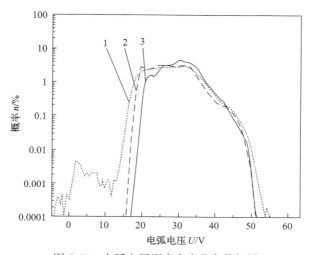

图 5-50　电弧电压概率密度分布叠加图

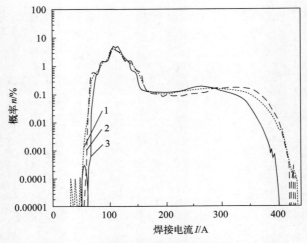

图 5-51　焊接电流概率密度分布叠加图

像单纯爆炸过渡时焊接电流曲线那样分散，因此可以判定 15m 水深环境下的熔滴过渡形式是由爆炸过渡和渣壁过渡共同组成的一种混合过渡形式。5m 水深对应的曲线 2 和干式环境对应的曲线 3 的电压概率密度分布曲线不存在小驼峰，曲线左边也没有渣壁过渡时对应的低落的波动曲线，电压概率密度分布曲线覆盖的电压范围较 15m 水深时明显变窄，所以 5m 水深和干式环境下的熔滴过渡形态均为喷射过渡。同时，在电压概率密度分布图中，曲线 3 覆盖的范围相比曲线 2 有所减小，故可以判定干式环境下的喷射过渡形态比 5m 水深时更理想。

5.7.3　坡口对接焊焊接工艺

坡口对接焊是水下焊接中最难的一种，由于坡口深度相对较深，为整个钢板的厚度，因此密封垫的水下密封比较困难。在打底焊时，为了优化密封状态和焊缝成形，在钢板背面安装陶瓷衬垫，但由于坡口底部的水很难被完全排除，再加上坡口背面水的强烈冷却作用，使打底焊时坡口边缘易出现未熔合缺陷。

304 不锈钢坡口对接焊的坡口形状及尺寸如图 5-52 所示。坡口类型为 V 形，坡口角度为 60°，坡口两侧未留钝边。

为了研究坡口对接焊在水下环境及不同水深对焊接过程稳定性和焊缝质量的影响规律，进行了干式环境、5m 水深和 15m 水深三种情况下的坡口对接焊试验。各焊接环境对应的焊接参数如表 5-5 所示。其中，干式环境下的送丝速度和设定弧长均小于水下环境，这是为了降低热输入和焊接电弧的吹力，防止产生焊接热裂纹。对于摆幅值，由于在水下焊接环境中密封垫与工件的摩擦阻力，故水下焊接的设定值要大于干式焊接环境。与水下坡口堆焊时一样，对于 5m 和 15m 水深的焊接参数比较而言，因为二者都是在水下环境中进行焊接，除了排水压力不同，其余的各焊接环境完全一样。尽管由排水试验可知，在理想密封状态下，只要排水罩密封垫内外压差恒定，那么排水气体流量受水深的影响不大。但随着水深的增加，罩外压力增大，要保持同样的压差，罩内压力也需相应提高。罩内压力升高会使密封变得困难，相应的排水气体流量也需增加。因此，对于在水下进行的 5m 和 15m 水深焊接，二者的焊接参数除排水气体流量略有差别外，其余焊接参数完全相同。各环境下的焊缝照片如图 5-53～图 5-55 所示。

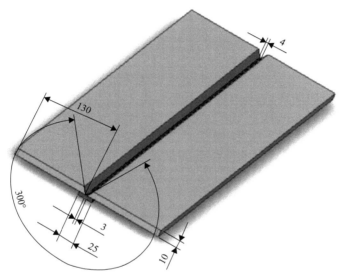

图 5-52　304 不锈钢坡口对接焊试板的形状及尺寸(单位：mm)

表 5-5　坡口对接焊工艺参数

焊接环境	焊层	焊接设定程序号	送丝速度/(cm/min)	弧长/mm	车速/(cm/min)	摆速/(cm/min)	摆幅/mm	滞时/100ms	气体流量/(L/min)
干式	打底	623	6.5	1	30	125	5	3	18
	盖面	623	6.5	1	30	125	13	3	18
5m 水深	打底	623	6.8	4	33	125	7	3	100
	盖面	623	7.0	4	33	125	16	3	100
15m 水深	打底	623	6.8	4	33	125	7	3	120
	盖面	623	7.0	4	33	125	16	3	120

从图 5-53 中可以看出，与 304 不锈钢坡口堆焊一样，干式坡口对接焊的焊缝正面和背面成形均比较美观，无明显可见缺陷。在水下焊接时，由于阻燃海绵加胶皮的密封垫易烧损，造成焊接过程不稳定，焊缝中间有连接点也可能产生缺陷。

而使用改进后的密封垫的水下焊接焊缝照片如图 5-56 所示，从图中可以看出，焊缝一次焊接成形，中间无连接，焊缝表面无明显可见缺陷。

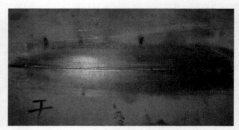

(a) 干式对接焊缝正面　　　　　　　　　　　(b) 干式对接焊缝背面

图 5-53　干式坡口对接焊缝照片

(a) 5m水深对接焊缝正面　　　　　　　　　(b) 5m水深对接焊缝背面

图 5-54　5m 水深坡口对接焊缝照片

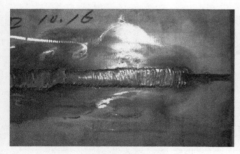

(a) 15m水深对接焊缝正面　　　　　　　　(b) 15m水深对接焊缝背面

图 5-55　15m 水深坡口对接焊缝照片

　　因打底焊是坡口对接焊的关键环节，所以打底焊的良好质量是坡口对接焊良好焊缝质量的重要保障，因此将干式环境、水下 5m 和水下 15m 三种情况下进行打底焊时的焊接电参数通过焊接质量分析仪进行采集、统计和分析，统计结果叠加后如图 5-57 和图 5-58 所示。在三种情况下，从电弧电压概率密度分布叠加图中可以看出，干式环境的焊接是明显的喷射过渡状态，不存在短路过渡情形。而 5m 水深和 15m 水深环境下打底焊焊接的差别不大，二者的电压概率密度分布曲

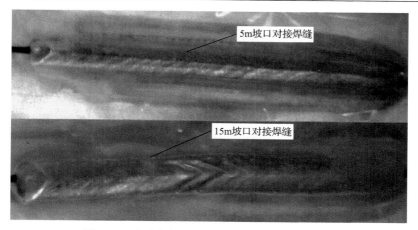

图 5-56　改进密封垫后水下坡口对接焊焊缝照片

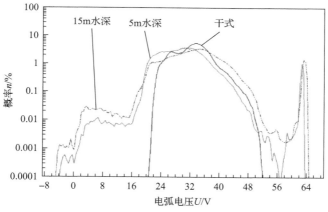

图 5-57　坡口对接焊电压概率密度分布

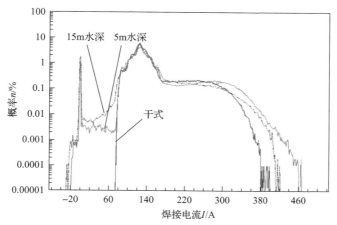

图 5-58　坡口对接焊电流概率密度分布

线基本呈双驼峰状，都存在电弧重燃的高电压区域，电流概率密度分布曲线中也有明显的小电流分布，说明二者在焊接过程中有短路现象发生。二者各自统计的短路时间 T_1 分别为 261.45μs 和 255.10μs。由此可以判断，5m 和 15m 水下环境打底焊对应的熔滴过渡状态是由爆炸过渡和短路过渡组成的混合过渡形式。所以，尽管在坡口对接打底焊时使用了陶瓷衬垫，提高了打底焊的成功率和焊接效果，但由于存在水渍残留和排水气体扰动等因素，焊接过程仍不如干式焊接稳定[67]。

　　坡口对接焊时，两钢板之间的初始组对间隙是影响焊接质量的关键因素之一。组对间隙太小，由于焊接过程中的应力变形，当焊至末端时，间隙变为零甚至两块组对钢板叠加到一起，焊接质量无法保证。如图 5-59 所示，由于初始组对间隙过小，至焊接末端时，两侧钢板已经部分叠加在一起，此时焊缝金属根本无法进入焊缝背面，从而造成未焊透的缺陷。如果两块钢板之间的组对间隙过大，则焊接初始端的母材连接比较困难，熔融金属通过组对钢板之间的大缝隙漏出，而缝隙两侧的钢板则不能被良好熔合，造成未熔合的焊接缺陷，如图 5-60 所示。同样，如果整个组对钢板之间的组对间隙恒定，但因钢板长度较大，为 600mm，那么即使焊接初始端钢板的组对间隙正好合适，也会在焊接过程中因焊接热应力的影响，

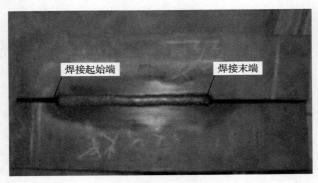

图 5-59　组对间隙过小时的焊缝

图 5-60　组对间隙过大时的焊缝

焊接末端的组对间隙变得过小，所以考虑采用变间隙组对方式。对于干式焊接而言，由于冷却效果差，焊接变形大，故钢板两端组对间隙的差值也较大。对于水下焊接，由于水的强烈冷却作用，降低了钢板的热应力变形幅度，因此钢板两端的组对间隙差值可以稍小。根据实际经验，对于 10mm 厚的 304 不锈钢坡口对接焊摆动焊接而言，干式焊接时，钢板两端的组对间隙分别为 3mm 和 4.5mm，即焊接初始端组对间隙为 3mm，末端为 4.5mm。对于水下焊接，组对间隙为 3～4mm，这样基本可以保证对接焊的焊接质量。

5.7.4　321 不锈钢焊接工艺

321 不锈钢是核电站常用的奥氏体不锈钢之一，其焊接工艺在国内尚无定论。本研究所用的焊接试验试板为法国 Arcelor 公司提供的核电站用 321 不锈钢，对应中国牌号 0Cr18Ni9Ti，试板厚度为 20mm，焊丝材料为瑞典 ESAB 公司提供的 OK Autrod 347 不锈钢焊丝，焊丝直径 1.2mm。321 母材和焊丝的主要化学成分含量如表 5-6 所示，321 不锈钢的力学性能如表 5-7 所示。采用坡口对接焊的焊接方式，坡口形状及尺寸如图 5-61 所示。

表 5-6　321 不锈钢的主要化学成分（质量分数）（单位：%，质量分数）

材料	C	Si	Mn	P	S	Cr	Ni	Mo	Ti	Co	Nb+Ta
母材	0.035	0.47	1.87	0.024	0.0007	17.74	9.72		0.35	0.045	
焊丝	0.026	0.35	1.20	0.017	0.009	19.6	10.2	0.11		0.029	0.591

表 5-7　321 不锈钢力学性能

屈服强度 $\sigma_{0.2}$/MPa	抗拉强度 σ_b/MPa	伸长率 δ_5/%	硬度（HB）
246	601	60	170

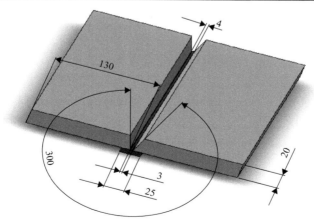

图 5-61　321 不锈钢坡口对接焊试板的形状及尺寸（单位：mm）

　　与 304 不锈钢坡口对接焊一样，321 不锈钢坡口对接焊仍对三种焊接情况进行对比分析，焊接工艺参数如表 5-8 所示。

表 5-8　321 不锈钢焊接工艺参数

焊接情况	焊层	送丝速度/(cm/min)	弧长/mm	车速/(cm/min)	摆速/(cm/min)	摆幅/mm	滞时/100ms	气体流量/(L/min)
干式焊	打底	7.0	0	40	125	5	3	18
	填充 1	7.0	0	40	125	16	3	18
	填充 2	7.0	0	40	125	28	3	18
	盖面	5.5	0	40	125	36	3	18
水下焊	打底	7.0	0	20	80	6	0	120
	填充	7.2	1	40	140	28	3	120
	盖面	7.3	1	40	115	45	3	120

　　干式焊接时,同样为了降低热输入,采用小电流多道焊,由于焊丝直径为 1.2mm,在相同送丝速度的前提下会熔化更多的金属，因此相应的运动参数值也相应增大，此处将摆动滞时设为 0.3s，可以获得良好的焊缝成形。对于水下焊接，因密封垫与工件间的摩擦，所以实际的运动参数值小于设定的运动参数值，同时由于水的冷却作用，送丝速度可以适当提高。在进行水下打底焊时，由于 321 不锈钢钢板较厚，在焊接过程中焊接摄像机对焊缝底部的图像成像不清晰，同时焊接过程产生的烟雾使打底时焊枪与焊缝中心对中困难。采用通常的"弓字形"摆动方式进行打底时，焊缝中心与钢板坡口中心很容易发生偏离，从而造成打底失败。由于"之字形"摆动方式在摆至两端时没有滞时，因此其相对摆动频率高，故坡口边缘在图像中更容易辨认，方便进行实时对中调节操作。因此，对于 321 不锈钢，采用"之字形"打底焊接方式可以获得满意的焊接质量。另外，在 5m 和 15m 水深时的焊接环境基本相同，只是环境压力有变化。因而，在对 321 不锈钢进行水下焊接时，5m 和 15m 水深时的工艺参数也基本相同，只是排水气体流量稍有增加。321 不锈钢干式环境下的坡口对接焊的焊缝照片如图 5-62 所示。从图中可以看出，焊缝表面成形良好，与两侧母材较好地熔接，无明显可见缺陷。

　　在 321 不锈钢水下焊接时，由于坡口深度较深，原来的密封垫虽然有一定的可压缩量，能够适应一定的表面高度变化，但对于 20mm 深的钢板坡口而言，由于胶皮的压缩量有限，即使将阻燃海绵突出于胶皮的部分完全压缩，仍不能与坡口底部接触，当然也就不能很好地进行密封。为此，将排水罩的密封垫进行了改进，改进后的密封垫如图 5-63 所示。将阻燃海绵下端面与工件坡口结合的密封处设计了两个突起，突起高度略高于坡口深度，宽度略大于坡口宽度，焊接时通过调整密封垫的位置将突起与工件的坡口位置贴紧，从而实现对坡口位置的良好密封，同时在原密封垫最外层胶皮的外面再连接一层阻燃海绵，起到辅助密封的作用。该密封垫经过焊接试验，对于 20mm 厚钢板的密封效果良好。

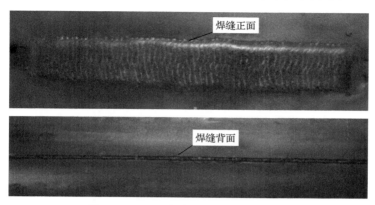

图 5-62　321 不锈钢干式环境焊缝照片

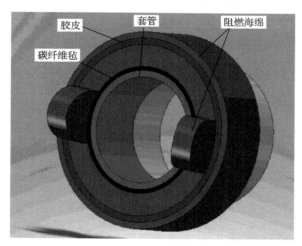

图 5-63　321 不锈钢水下焊接密封垫

在进行水下焊接打底焊时，采用"之"字形摆动方式，在保证打底焊焊缝宽度的同时，也保证了打底效果。而在进行填充焊和盖面焊时，为了使焊缝金属与母材更好地熔合，采用"弓"字形摆动方式。打底焊时，选用 Ar+2%O$_2$ 的二元气体作为焊接保护气，这是因为采用纯氩气保护，熔池表面张力大，焊缝成形不良，另外由于母材组对间隙较大（>3mm），在正常情况下，打底焊焊缝与两边的母材边缘不易良好熔合，打底效果不理想。加入 2% 的 O$_2$ 后，降低了熔池表面张力，改善了熔池的流动性、熔深和电弧稳定性，熔池趋于平坦，焊缝成形美观且打底效果好。而在进行填充焊和盖面焊时，为了尽可能地降低焊接飞溅以便更好地监控焊接过程，并提高电弧的挺度，选用纯氩气作为焊接保护气。

321 不锈钢在 5m 水深环境下的焊缝照片如图 5-64 所示，15m 水深环境下的打底焊、盖面焊和焊缝背面的照片如图 5-65 所示，照片中的焊缝长度均为 250mm。从图中可以看出，在 15m 水深环境下 321 不锈钢打底焊的焊接质量较好，打底焊缝表面和焊缝背面均光滑连续，无可见焊接缺陷。盖面焊焊缝表面因在焊接过程中更换排水罩，从而造成焊接不连续，焊缝成形不理想。

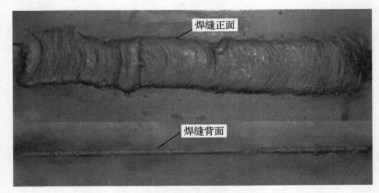

图 5-64　　321 不锈钢在 5m 水深的焊缝照片

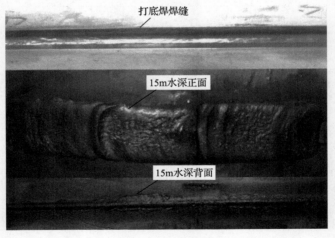

图 5-65　　321 不锈钢在 15m 水深的焊缝背面照片

在不同水深环境下，321 不锈钢对接打底焊的熔滴过渡状态的变化规律与 304 不锈钢对接打底焊时的情况类似，此处不再详述。这里，以 15m 水深条件下的 321 不锈钢焊接为例，对不同焊层之间的过渡状态进行对比分析，通过汉诺威焊接质量分析仪采集各焊层的电压和电流等信息并进行统计，得到的焊接电流概率密度分布叠加图和电弧电压概率密度分布叠加图分别如图 5-66 和图 5-67 所示。

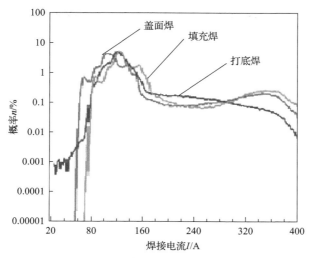

图 5-66　15m 水深的电流概率密度分布

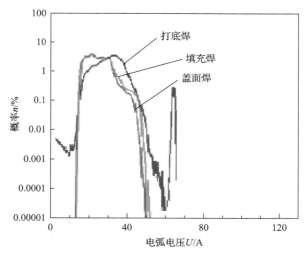

图 5-67　15m 水深的电压概率密度分布

图 5-66 中打底焊曲线的左侧有明显的小电流概率分布，对应图 5-67 中打底焊曲线右侧有明显的高电压分布区域，说明打底焊时有短路过渡状态存在，焊接过程不稳定。而填充焊和盖面焊对应的填充焊曲线和盖面焊曲线基本重合，电流和电压概率分布比较集中，无明显的高电压分布区域，表明进行填充焊和盖面焊时的熔滴过渡状态是比较理想的喷射过渡。

综上可知，局部干法水下焊接技术排除了水对焊接区域的直接影响，可以获得较高的焊接质量。同时，水下焊接装置相对简单、小巧，提高了装置的适应性和灵活性，可用来进行核电站结构的水下焊接修复工作。

5.8　局部干法水下激光焊接

随着人类的活动范围向更深、更广的海洋领域发展及新材料的广泛使用，传统水下焊接方法受到了越来越多的限制。另外，在核电修复领域，高压、高辐射的水下环境也对水下焊接技术提出了更高的要求。激光焊接与传统焊接方法相比，具有热输入量低、冷却速度快、热影响区小及残余应力低等优点。此外，光学纤维的使用使激光具有便于长距离传输、易于控制、焊接系统可简化和集中等优点，因此水下激光焊接技术发展迅速，逐渐成为水下焊接修复最具前景和潜力的焊接技术。

核电站在长期服役的过程中会出现老化现象，老化问题主要是由核辐射导致的核反应堆设备的腐蚀裂纹等缺陷，对核电站安全运行构成了严重威胁。由于核反应堆一般工作在水中，因此为了降低设备维修成本并考虑核辐射，通常采用水下焊接方法进行表面堆焊等修复。

双相不锈钢(DSS)因其具有良好的耐腐蚀性和经济效益近年来得到了广泛发展。由于其具有铁素体和奥氏体双相平衡组织及高含量合金元素，所以双相不锈钢同时具备高强高韧和优异的抗腐蚀性能，在核电站、海洋工程建设和石油化工等领域中越来越多地被用作结构材料。核电站在长期使用中容易出现结构老化现象，为了降低运行维护的成本，通常采用水下焊接对裂纹和表面腐蚀缺陷进行修复。而水下激光焊接作为新兴焊接技术，逐渐成为核电站水下焊接维修最具前景的维修技术。

北京石油化工学院采用 S32101 双相不锈钢作为母材，开展了局部干法水下激光焊接研究工作。母材和填充焊丝的化学成分见表 5-9，母材的机械性能见表 5-10。

表 5-9　母材和焊丝的化学成分　（单位：%，质量分数）

材料	C	Si	Mn	P	S	Cr	Ni	Mo	N	Cu	Co	Nb
S32101	0.023	0.59	4.9	0.0199	0.001	21.5	1.62	0.26	0.21	0.24	0.025	
S32209	0.012	0.35	1.59	0.015	0.001	22.56	8.62	3.05	0.15	0.06	0.049	0.002

表 5-10　S32101 双相不锈钢的机械性能

抗拉强度/MPa		屈服强度/MPa		伸长率/%	硬度(HB)	冲击功/J	铁素体含量/%
25℃	130℃	25℃	130℃				
703	602	453	371	49	207	98	56.5

为了进行水下激光焊接试验，北京石油化工学院搭建了一套水下激光焊接试验系统。该系统主要由激光器系统、激光焊接头及水密、排水气罩、常压水池、送丝装置、同轴高清摄像系统、综合控制系统、多功能移动平台组成，如图 5-68所示[68]。水下激光焊接试验系统使用的激光器为光纤激光器。

图 5-68　水下激光焊接试验系统

选用双相不锈钢 S32101 作为母材，使用自主研发的水下激光焊接排水装置开展水下局部干法激光填丝焊接熔覆工艺优化试验(图 5-69)。由于裂纹的形状和尺寸变化多样，单独一道焊缝的宽度不足以覆盖整个裂纹的宽度，因此开展了单层多道的工艺试验研究，并进行了空气环境和水下环境的对比分析。为了更好地进行对比，除焊接环境外，其余焊接工艺参数完全相同。北京石油化工学院完成了 15mm×100mm 激光沉积熔覆试验(图 5-70)。

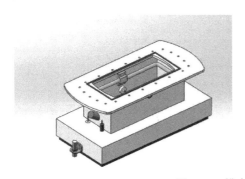
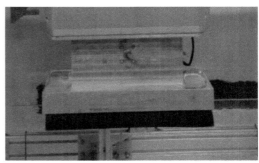

图 5-69　排水气罩三维及实物图

图 5-71 为在空气中和水深 300mm 浅水环境下多道搭接焊缝成形形貌，可以看出局部干法环境下得到的焊缝形貌与空气中相近，虽然焊缝表面的平整度与空气中焊缝相比略有降低，但表面未出现明显裂纹、气孔等缺陷，因此采用上述试验参数可以得到良好的单层多道修复质量。

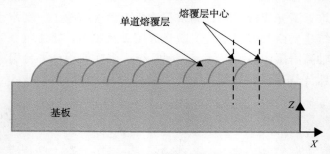

图 5-70　多道搭接激光填丝熔覆试验原理图

　　(a) 空气中　　　　　　　　　　　　　　(b) 300mm水深

图 5-71　多道搭接激光填丝熔覆层表面形貌

　　为了模拟水下裂纹激光填丝焊接修复工艺，采用 U 形坡口填充试验来模拟裂纹修复，坡口尺寸为宽×深 4mm×4mm，焊接过程中严格控制排水罩内的湿度，减小坡口中水分对焊缝质量的不利影响。增加内置吹气管，焊缝保护效果得到了明显改善，其表面更加平整，过渡均匀，未出现明显气孔、裂纹缺陷，获得了良好的坡口填充效果。

　　进行水下激光填充焊接试验后取试样对其进行分析研究。图 5-72 为焊缝成形效果图。

图 5-72　水下激光填丝坡口填充焊缝表面成形

　　对焊接件进行综合力学检测，包括晶间腐蚀及弯曲[按照《焊接接头弯曲及压扁试验方法》(GB/T2653-1989)]。图 5-73 是焊缝晶间腐蚀检测试样照片。

　　选取四个晶间腐蚀后的试件进行 90°弯曲性能检测。如图 5-74 所示，经过晶间腐蚀后的试件经过 90°弯曲后并未出现断裂，满足焊接试验要求。如图 5-75 所示，取两个弯曲 90°的试样继续弯曲到 180°后，晶间腐蚀试样也出现了母材质量减小的现象，焊缝填充处突出，试样未出现断裂，满足焊接试验要求。

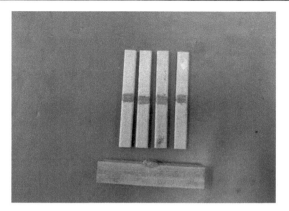

图 5-73　晶间腐蚀试验后的宏观形貌

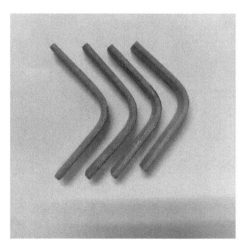 

图 5-74　晶间腐蚀后弯曲试件

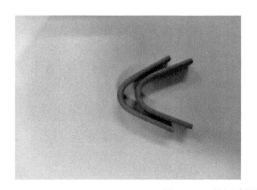 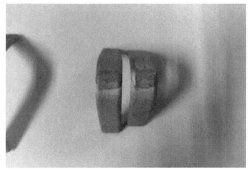

图 5-75　晶间腐蚀弯曲件再弯曲 180°

高压环境的水下激光焊接试验系统如图 5-76 所示,该系统主要由高压试验舱和水下激光焊接试验平台两部分组成，能够满足水下焊接快速准确定位和模拟水下压力环境的要求。在焊接过程中，通过充入压缩气体使高压试验舱中的压力保持在 0.15MPa，用于模拟 15m 水深。通过向舱内的试验水槽注水来模拟湿式水下环境，水槽内的水深为 30mm。北京石油化工学院研制了水密激光头和局部排水装置，激光束经光纤传输到局部排水装置内部的干燥空间，再通过激光填丝焊接技术实现水下激光焊接修复。

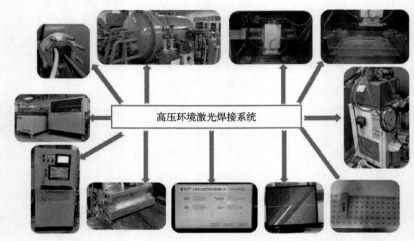

图 5-76　高压水下激光焊接试验系统原理图

采用 S32101 双相不锈钢作为母材，制备试板尺寸为 600mm×300mm×25.8mm。U 形坡口填充接头的设计如图 5-77(a)所示，图 5-77(b)为焊缝横截面。

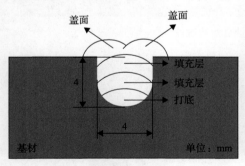

(a) 焊接填充顺序示意图

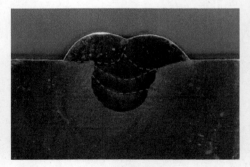

(b) 焊缝横截面外观

图 5-77　U 形坡口设计和焊缝横截面外观

在 0.15MPa 压力环境下采用水下激光填丝焊接方法进行 U 形坡口填充试验，研究不同保护气体成分对水下焊缝组织、力学性能和耐腐蚀性能的影响。利用光学显微镜、扫描电子显微镜等对焊缝试样进行显微结构表征。母材的微观结构如图 5-78(a)所示。图 5-78(b)显示了几乎相等的两相体积分数(46%±1%的铁素体)。奥氏体(轻相)以板条形式分布在铁素体基体中。但是,在激光焊接的过程中,熔池中的氮元素会损失,从而降低奥氏体含量[69]。

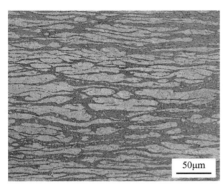 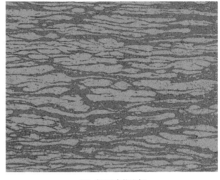

(a) 微观组织　　　　　　　　　　　　　(b) 相比例测定

图 5-78　母材组织

根据美国焊接学会 WRC-1992 组织图可知,氮是一种强烈的奥氏体形成元素,在提高双相不锈钢强度的同时,还能增加双相不锈钢的韧性,同时减少有害金属间相的形成,从而降低因含高铬、高钼易形成析出相的倾向。针对 S32101 双相不锈钢水下激光填丝焊接时的双相平衡问题,研究氮元素对焊接接头显微组织和力学性能的影响。从中发现,增加保护气中的氮气含量可以显著增加奥氏体含量,但奥氏体的转变类型基本不受氮元素的影响。

第 6 章　水下摩擦焊接

水下摩擦焊是指在有水环境下通过待焊工件接触面的摩擦使摩擦接触界面及其附近的温度升高，从而使材料的变形抗力下降、塑性提高，同时在摩擦接触面的接触压力作用下使材料产生塑性变形与流动，通过界面上的扩散及再结晶冶金反应而实现连接的固态焊接方法。水下摩擦焊技术目前主要分为水下摩擦叠焊和水下摩擦螺柱焊两种。

6.1　水下摩擦叠焊

6.1.1　摩擦叠焊的原理及特点

摩擦叠焊通过一系列单元过程相互搭接形成完整的焊缝，而单元过程则通过预钻焊孔中塞棒的高速旋转和轴向压力产生的摩擦热熔融塞棒并使其与焊孔内表面密切结合(图 6-1)。作为一种固相连接手段，摩擦叠焊技术基本上保留了各种常规摩擦焊接技术的特点，例如，①具有广泛的可焊性；②焊接质量高、可靠、焊件尺寸精度高；③焊接前后处理简单，焊接过程中不用焊条/焊丝/焊药/保护气体、不受周围施工环境的影响且较为友好等。与电弧熔焊修复技术相比，摩擦叠焊修复技术具有如下优势：①能够对厚度 8mm 以上的大型片状、板状或管状固定结构实施修复操作；②修复过程中不会出现显著的氢积聚或氢吸收问题，焊接热循环

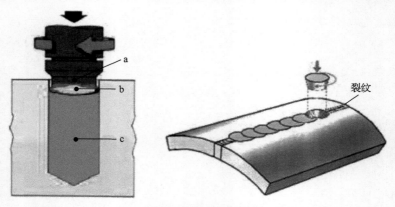

图 6-1　摩擦叠焊成形过程原理示意图

a. 熔化材料；b. 摩擦界面；c. 材料沉积层

问题也不十分严重，修复质量在干、湿环境下基本相同；③修复设备小型化，可与 ROV 配套实现机械化；④修复规范不受水深的影响，不需要随着水深的变化而评估调整规范参数，从而能够突破饱和潜水深度限制，使深水水下焊接修复成为可能。这是第一次有可能真正促使水下连接技术走向深水。

6.1.2 国内外水下摩擦叠焊技术的发展现状

1. 国外研究现状

水下摩擦叠焊技术的雏形出现于 20 世纪 80 年代末期，当时为解决世界知名石油公司雪佛龙(Chevron UK Ltd.)水下 100m 以深、壁厚 15～40mm 管道焊缝的裂纹修复问题，英国焊接研究所(TWI)的 Andrews 等[70]使用摩擦螺柱焊接设备将一系列螺柱塞入相应的预钻焊孔中，通过搭接"缝合(stitch)"出完整的焊缝，从而修复了裂纹，由于当时采用圆锥形旋转金属塞棒-圆锥形预钻焊孔的组合方式被称为锥形柱塞焊(taper plug welding)。1992 年下半年，TWI 的 Thomas 等[71]正式将摩擦叠焊基本单元的成形过程描述为 FHPP(friction hydro pillar processing)，而这种以 FHPP 为单元过程的"缝合"工艺命名为 friction stitch welding，此后北京石油化工学院的焦向东教授团队将其翻译命名为"摩擦叠焊"。随后，TWI 发起了一个工业集团资助项目(TWI Group Sponsored Project 5652)，对 FHPP 单元成形过程进行了较为细致的研究，并为参与资助该项目的成员单位颁发了使用许可证，以促进对其进行深入开发和工业化应用。

摩擦叠焊可用于厚钢材的焊接，这对于壁厚较大的海洋平台导管架、海底油气管线等结构物的焊接修复而言具有非常突出的技术优势。1997～2003 年，通过欧盟连续资助的三大项目(Brite-Euram ROBHAZ、THERMIE Stitchpipe、PIPETAP)的支持[72]，目前欧洲的一些海洋石油大国已经具备应用摩擦叠焊技术进行海洋石油钢结构水下裂纹修复和海底油气管道在线开孔的商业化作业能力。

1) 欧盟的 Brite-Euram ROBHAZ 项目

1996 年，包括德国吉斯塔赫(GKSS)研究中心、英国国家高压焊研究中心(NHC)、英国 Circle 技术服务有限公司、英国斯托尔特海洋工程有限公司(现更名为 Acergy Group)、瑞典 NEOS 机器人公司、葡萄牙环境与质量研究所等在内的 7 家单位联合向欧盟申请了代号为 Brite-Euram ROBHAZ 的项目，旨在研制开发基于 Tricept 并联机器人和摩擦叠焊焊头的无人操作水下裂纹维修系统，以此展示摩擦叠焊在海洋工程、海运、国防及核工业中进行修复作业的巨大潜力。项目起止年限为 1997 年 6 月～2000 年 5 月，其中焊接规范参数的研究制定工作由 GKSS 负责，整套系统完全自动化，可以实现遥控操作。

如图 6-2 所示，Tricept 并联水下机器人 HMS3000 有 6 个自由度，由一个多功能 COMAU C3G 操作系统控制，可完成点对点控制、线性和圆周运动。其良好的刚性减少了弯曲变形和波动，为施加高轴向力奠定了基础。HMS3000 系统通过一个能承受高达 20kN 的压力和 100N·m 扭矩的夹套固装到机器人的动平台上。再将摩擦叠焊机器人与一个大型遥控机器人（ROV）安装到一起，并放到水下工作地点，通过机器人自带的夹持装置固定在钢结构上（图 6-3）。

图 6-2　Tricept 6 自由度的机器人

图 6-3　水下钢结构现场摩擦叠焊示意图

2）欧盟的 THERMIE Stitchpipe 项目

在 Brite-Euram ROBHAZ 项目启动一年后，Stolt Offshore Ltd.、NHC、GKSS 三家单位又联合向欧盟申请批准了名为 THERMIE Stitchpipe 的项目，旨在研制开发用于深水油气管道修复用的轨道式摩擦叠焊系统样机，其中 GKSS 承担焊接工艺参数的评估工作，Stolt Offshore Ltd.负责研制焊头及配套机械设备并将其结合到 MATIS（modular advanced tie-in system）框架上。项目起止年限为 1998 年 12 月～2001 年 8 月。整套系统的外观及工作原理如图 6-4 所示。

图 6-4　欧盟 THERMIE Stitchpipe 项目示意图

3）欧盟 PIPETAP 项目

欧盟紧接着又资助了名为 PIPETAP 的项目，旨在探索利用摩擦叠焊技术进行深水海底管道的遥控不停产在线开孔作业，作业水深 1000～3000m，并希望能够将现阶段的类似作业费用降低 50%。参加单位有 GKSS、NHC、Circle Technical Services Ltd.、Norwegian Universal Technology AS、NEOS Robotics AB 和英国 Well Subsea Ltd.，项目起止年限为 2001 年 10 月～2003 年 3 月。该项目的基本思路是在不影响生产作业的情况下，通过焊接一个机械三通的方式来实现管道在线开孔。将机械三通焊于管道上，用常规的焊接方法常需要一个高能量的预热系统来维持接口处的温度，使用摩擦叠焊技术则可以避免使用这种预热系统。在机械三通上下半瓦接触线处及两侧边缘，通过摩擦叠焊技术来完成焊接修复。开孔深度应该大于机械三通壁厚，但又需小于机械三通和管道壁厚之和。

4）浮式生产储运卸装系统及舰船的水下现场修复

浮式生产储运卸装系统（FPSO）被广泛用于深海和边际油田的油气生产作业。FPSO 壳体损坏后，当前常用的方法是将其拆卸下来并运到干船坞维修，但这可能会因正好无空坞位延长等待时间长而影响正常的油气生产，运用摩擦叠焊进行现场修复可以很好地解决这一问题[73]。如图 6-5 所示，将一个携带摩擦叠焊作业系统的遥控控制机器人下放到水中，并在 FPSO 壳体上安装多个用于固定的金属棒，然后将机器人固定于壳体上工作。这一固定过程也可以通过高强磁铁来实现。欧盟用计算机模拟技术对 FPSO 修复过程进行了模拟，并在德国 GKSS 研究中心对部分受损试样利用 FHPP 技术进行了修复试验，从而证实通过该技术修复 FPSO 的可行性。

图 6-5　采用摩擦叠焊技术进行 FPSO 水下现场修复的示意图

5）其他国家的研究进展

除了欧洲一些国家的研究工作，近几年来美国、日本、巴西、波兰等国也都先后启动了摩擦叠焊的研究工作。

从美国南卡罗里纳大学机械工程系 Elizabeth Hood 于 2005 年提交的学位论文可知，美国已经运用摩擦叠焊技术对钛、铝等轻金属材料的连接进行了相关研究[74]。该研究项目为美国陆军研究实验室导弹防御计划的第六部分，目的是了解采用 FHPP 技术连接钛、铝金属的机理及焊缝的机械性能，从而为将来在军事上的应用奠定基础。试验采用两种不同厚度的板材，厚板上所钻孔深约 30mm，薄板上孔深有 6.35mm 和 12.7mm 两种。试验时在洞口附近压装一块带有通孔的铁板，直径（ϕ14.3mm）略大于母材孔径（ϕ13.1mm），它可起挤压作用。试验结果表明，增加该板后顶部的压力明显增大，并得到了较好的焊缝质量，焊缝连接强度也有所提高，平均强度从未加铁板时的 124.4MPa 增加到 133.1MPa；孔洞底部连接强度改善尤为明显，从 35.6MPa 增加到 192MPa。在温度及热影响区的测量试验中，使用 K 型热电偶在三个不同高度（距底部 3.18mm、15.56mm、28.58mm）及五个不同径向深度进行了测量，其中同一平面有五个径向热电偶用来测量热影响区的范围。

巴西是一个海洋油气资源开采大国，有大量的海上结构物及海底油气管道，故该国对摩擦叠焊这种新型连接技术也十分感兴趣，并于 2003 年启动了相关研究工作。从乌贝兰迪亚联邦大学 2006 级硕士学位论文中得知，他们主要研究了钢材料的 FHPP 单元成形过程，大部分金属棒顶部锥角选用 118°，直径尺寸为 9.35～14.3mm，而孔洞选用的最大直径为 ϕ17mm，最高转速为 6000rpm 左右，施加的轴向力为 325kN。从 2008 年 6 月发表的研究论文得知，他们迄今又进行了预热温度、轴向力对 C-Mn 钢的微观结构、热机影响区（TMAZ）影响的试验研究。研究中采用 2550kN、200kN、400kN 等三种轴向力，当预热温度为 200℃时，所需要的焊接时间分别为 5070s、2025s、520s。试验表明，轴向压力越小，热影响区越大，并且焊缝的缺陷比较明显；轴向力增加引起加热时间缩短，所以热影响区的冷却速率显著加大，微观硬度增大，但进行预热后，样本的微观硬度均有所降低。对比上述研究工作可知，所施加轴向力的变化非常显著。利用 400kN 高轴向力参数可能会得到更好的试验效果，但在将来的海洋工程实际应用中则未必可取。

波兰弗罗茨瓦夫大学 Andrzej 等于 2007 年在其现有设备性能范围内测试了焊接过程中比较合适的金属棒直径尺寸，试验表明金属棒直径在 ϕ10～ϕ12mm 的效果最好[75]，这与德国 GKSS 研究中心得出的结论类似。同时，他们模拟了 20℃水下环境的试验，材料为海洋钢结构常用的 S355 钢。试验表明，熔化率是个很重要的参数，与采用金属塞棒的几何形状有很大关系，通过试验得出了熔化率与金属棒直径、孔洞直径、孔洞深度之间的经验公式。

2. 国内研究现状

我国对水下摩擦叠焊技术研究的起步相对较晚，2005～2010 年北京石油化工学院与北京航空工艺研究所合作开发了国内首套水下摩擦叠焊试验装置(图 6-6)，并在国家"十一五" 863 计划"深水钢结构裂纹修复关键技术"项目、"十二五" 863 计划"基于摩擦叠焊的水下结构物修复系统关键技术研究"项目、国家自然科学基金"水下钢结构修复用摩擦叠焊的连接机理和特性研究"和"海洋钢结构摩擦叠焊单元成形过程研究"项目的支持下开展了水下摩擦叠焊技术研究。内容主要包括摩擦叠焊焊接机理及焊接过程的数值仿真计算、焊接工艺对焊接质量的影响及焊接接头的性能评价等[76,77]。

图 6-6　国内首套水下摩擦叠焊原理试验装置

6.1.3　水下摩擦叠焊的试验装置

水下摩擦叠焊的试验装置主要包括试验台架、摩擦焊接主轴头及相应的测控系统。

试验台架结构如图 6-7 所示，由横梁、立柱、底座组成框架结构，横梁可沿立柱上下移动。这种上下移动由两个柱塞式液压缸驱动，当横梁移动到所需的工作位置时，再由夹紧缸将横梁与立柱锁紧。这种结构形式是动态疲劳试验机的成熟结构，从结构上来说框架的刚性好，非常适合摩擦焊接大刚度的需要。

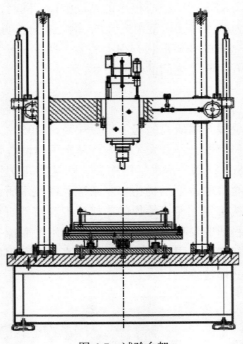

图 6-7　试验台架

焊接主轴头需要完成旋转和进给两个运动，均采用液压驱动。焊接主轴头的结构形式图 6-8 所示，主要由驱动马达、旋转芯轴、驱动活塞、主轴油缸和塞棒锁紧机构组成。主轴油缸安装在机架上，驱动马达通过法兰与驱动活塞连接，旋转芯轴安装在驱动马达的输出轴上，马达旋转带动旋转芯轴旋转，驱动活塞则完成进给运动[78,79]。

水下摩擦叠焊试验装置的测控系统可对液压泵站的相关参数进行实时监控和记录，主要监测参数为对主轴相对位置和绝对位置的测量和反馈、主轴转速。系统操作控制部分可实现大液压泵站及小液压泵站的启动、停止、加压、卸荷等操作，可对焊接试验操作平台实行横梁上升、横梁下降、横梁加紧、横梁松开等操作。该部分的相关操作可实现手动操作和自动操作。焊接工艺控制部分可对焊接过程中不同主轴位置的焊接工艺参数分别进行定义。可定义的焊接工艺参数包括主轴转速、进给速度及焊接压力[80-82]。焊接过程可采用恒速或恒压的方式进行控制。摩擦叠焊操作界面见图 6-9。

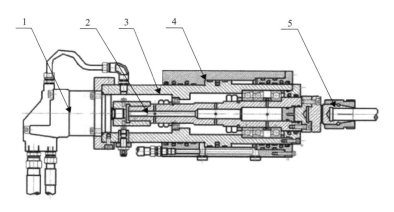

图 6-8　摩擦焊接主轴头结构形式

1. 驱动马达；2. 旋转芯轴；3. 驱动活塞；4. 主轴油缸；5. 塞棒锁紧机构

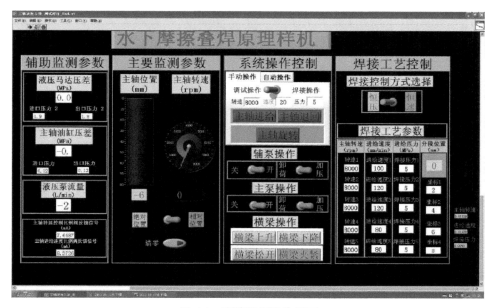

图 6-9　摩擦叠焊操作界面

6.1.4　摩擦叠焊单元成形的声发射特性研究

水下摩擦叠焊焊缝由单个焊接单元组合而成，因此开展摩擦叠焊单元成形的研究具有重要意义。

金属塑性成形过程中的摩擦条件并不固定，期间将不断产生新的摩擦面，故任意一点的摩擦力都是动态变化的，因而利用声发射技术测量摩擦界面应力分布变化所释放的弹性应力波，可以从中获得金属塑性成形的摩擦规律，从而判断摩擦阻力的变化和材料的流动情况。

1. 声发射信号采集硬件设备

试验采用北京声华兴业科技有限公司生产的 SAEU2S-2A 声发射检测仪，如图 6-10 所示。SAEU2S-2A 声发射检测系统采用 USB 实现高速数据传输，解决了以前不能进行多通道实时采集、存储信号量小、存储速度慢等问题，系统自带的波形分析方法可对采集的声发射信号进行波形信号特征提取，从而提高了信号鉴别检测分析能力。

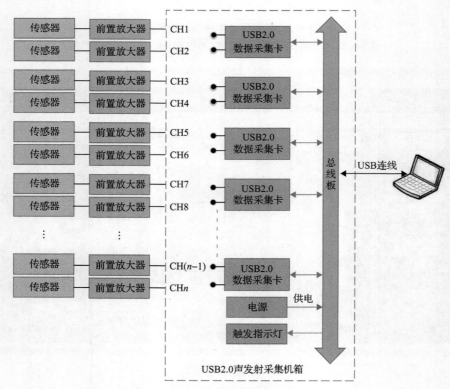

图 6-10　SAEU2S-2A 声发射检测系统构成

整套仪器主要包括声发射传感器(图 6-11)、前置放大器、数据采集箱、传感器信号线、M20 磁性夹具和耦合剂等。

图 6-11　声发射传感器安放位置

2. FHPP 声发射信号采集软件开发

声发射状态监测的方法主要有信号源的波形分析法和参数分析法。波形分析法主要是频谱分析,利用快速傅里叶变换对声发射源的频域特征信号进行信息提取;参数分析法即对时域信号进行分析处理。参数分析法采集的信号一般包括能量、幅度和振铃次数。能量为声发射一次脉冲信号包络线下的包络面积,幅度为一次脉冲信号包络线下的最大振幅,振铃次数则为一次脉冲信号下超越门槛电压的震荡次数,如图 6-12 所示。

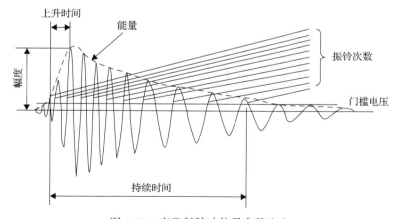

图 6-12　声发射脉冲信号参数定义

为了对采集的声发射信号进行处理和存储，采用 WAVEBOOK/516E 数据采集器及其 WBK 系列拓展调理模块，通过 DASYLab 软件编制声发射信号采集及分析界面（也可对温度、转矩、压力、转速等参数进行同步采集）。该软件可对 FHPP 过程中声发射信号的能量、幅度和振铃次数进行实时采集和记录，如图 6-13 和图 6-14 所示。

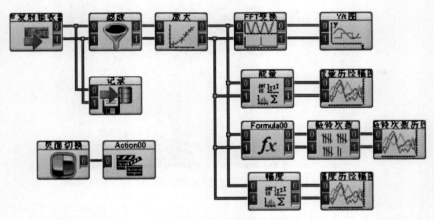

图 6-13　声发射采集信号流程图

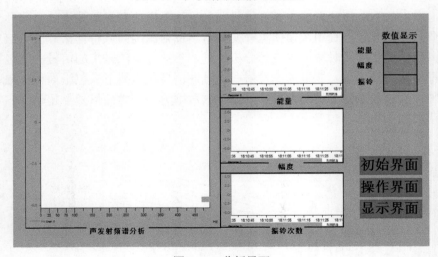

图 6-14　分析界面

3. 焊接转速对声发射信号特征参数的影响

采用 Q345 钢为试验材料，塞棒直径为 16mm，设定焊接进给速度为 15mm/mim，焊接转速分别为 3000r/min、4000r/min、5000r/min、6000r/min；声发射信号采样频率为 2500Hz，参数间隔为 50μs，波形门限为 40dB。在相同焊接进给速度的条件下，不同焊接转速的声发射信号特征参数如图 6-15 所示。

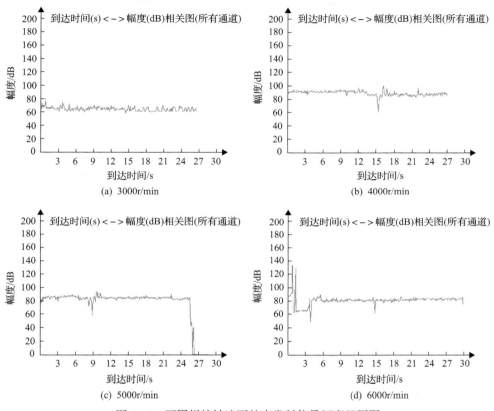

图 6-15　不同焊接转速下的声发射信号幅度经历图

信号幅度值是声发射事件信号的最大振幅，表示信号的强弱，从幅度经历图可以看出整个焊接在单元成形过程中声发射信号幅度的变化情况，还可以观察某时段的最高幅度信号。如图 6-15 所示，从信号幅度经历图上可以看出，随着焊接转速的增大，声发射信号的幅度在 4000r/min 时相对较低，信号幅度为 60～80dB，但当转速超过 4000r/min 后（包括 4000r/min、5000r/min、6000r/min），信号幅度基本处于 80～100dB，并无十分明显的增加。但随着焊接转速的增加，声发射幅值的波动范围逐渐减小，表明当焊接转速达到 4000r/min 后，转速的增加对焊接过程中材料摩擦行为的影响明显减弱，但对保持摩擦过程的稳定性具有一定好处。

试验证明，在焊接过程中通过对声发射幅度参数的采集可对焊接过程中摩擦行为的稳定性进行评判。

4. 焊接转速对声发射能量的影响

从图 6-16 可以看出，焊接主轴转速对声发射能量参数的影响较大。随着焊接转速的提高，声发射信号的能量水平明显增加，特别是当转速从 3000r/min 提高到 400r/min 的过程中，能量最大值从 $50mV^2·\mu s$ 急速增大到 $4×10^4 mV^2·\mu s$。尤其是在焊接转速从 4000r/min 增大到 6000r/min 的过程中，即使声发射信号的幅度没有明显增大，其声发射能量值却在不断增加。这表明声发射信号的能量参数与摩擦过程中的摩擦热输入量相关。焊接转速越高，摩擦力做功越多，单位时间内的摩擦热输入量越大。因此，声发射信号中的能量参数可作为评价摩擦焊过程中热输入率参数的关键评价指标。

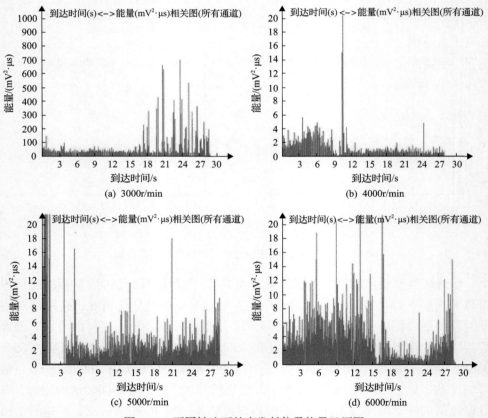

图 6-16　不同转速下的声发射信号能量经历图

5. 有缺陷工况下的声发射信号参数

为了与优化工艺参数下的声发射信号参数经历图进行对比，进行两组有缺陷工况下的焊接试验：①在保证塞棒底端完全插入基块预制孔内的前提下，将塞棒中心和基块预制孔中心调到不同轴进行焊接试验；②在焊接转速为 2500rpm 的条件下进行焊接试验。

从工艺试验中得知，如果在塞棒中心和基块预制孔中心处于不同轴位置和焊接转速过低的情况下，焊后在焊接接头处将出现未熔合、孔洞、马达停转等缺陷或问题，焊接质量不能满足工程需要。

图 6-17 是塞棒中心和基块预制孔中心在不同轴时检测的焊接成形过程中的声发射信号[83]。从图中可以看出，其幅度经历图在整个焊接过程中出现不连续的情况，并不能呈现出连续的幅度曲线，而且幅度值在 70～80dB，小于优化参数下采集的幅度值；能量经历图也出现间断不连续的情况，其能量值也很小。主要原因是塞棒中心和基块预制孔中心不同轴，导致焊接开始后金属塞棒出现晃动，接触面摩擦力不稳定，热输入不连续，所以声发射信号参数幅度、能量等出现忽大忽小、不连续变化的情况，从宏观上看到在焊接接头接触面底端出现塞棒偏移、未熔合等焊接缺陷。

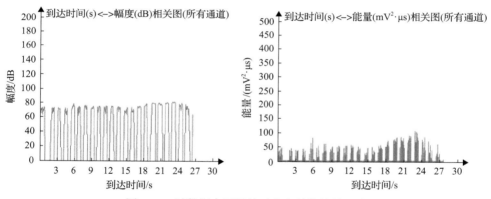

图 6-17　试件组合不同轴对声发射信号的影响

图 6-18 是在焊接转速为 2500r/min 的低转速情况下进行的焊接单元成形试验，在试验过程现场可以看到焊接过程并不稳定，发生了很大震动，有时会出现因扭矩过大而导致的马达憋死停转现象。对比 4500r/min 焊接转速下的声发射信号参数可以看出：在焊接转速过低的情况下，焊接过程采集的声发射信号不稳定，其幅度和能量的峰值可能会出现很大的、不可预测的变动，同时也没有达到优化参数下采集的声发射信号参数的峰值，并且当主轴马达卡死出现停转现象后并未检测到声发射信号，于是就形成了图 6-18 中的幅度和能量经历图。

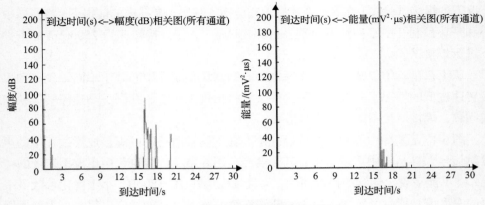

图 6-18　低转速对声发射信号的影响

6.1.5　材料变形及其迁移特性研究

FHPP 单元成形填充过程是一个包含热、力、冶金、流体动压及其相互作用的复杂过程。国外资料认为当焊接过程进行到稳定摩擦阶段时，整个摩擦接触界面全部被塑性金属层覆盖，同时有较多的塑性金属在轴向力的作用下被挤出形成飞边，进而填充四周的环形间隙，但由于整个 FHPP 单元成形过程都是在试件内部完成的，所以这一过程很难在焊接过程中通过观察手段进行了解。然而，焊接过程中材料的流动情况又是影响 FHPP 单元成形质量最关键的因素之一。因此，采用示踪技术对 FHPP 单元成形过程中材料的塑性变形及其迁移情况进行深入分析将是一种切实有效的研究方法。

1. 试验材料的嵌入

在焊接塞棒底端中心位置采用数控机床加工直径为 1.0mm、深 12mm 的内孔。将镍丝沿内孔插入，插入过程中保持镍丝起初的竖直状态并与塞棒内孔紧贴，以避免镍丝在插入过程中出现弯曲而影响焊接分析结果，镍丝嵌入位置如图 6-19 所示。

2. 示踪材料的塑性流动分析

采用主轴转速 4500r/min，进给速度 15mm/min，填充量 8mm，顶锻力 5kN 的工艺参数进行多组焊接试验。将焊后完全包含焊接结合线位置的试样切割为 15mm×15mm×20mm 的块体，每间隔 0.2mm 纵向面使用 200#、600#、1000#和 1200#砂纸逐层打磨，再使用 PROFIT 抛光布进行抛光，用 3%硝酸水溶液和工业酒精进行腐蚀，扫描腐蚀处理后的截面，采集多张水平截面图像，图 6-20 是在相同焊接参数下不同焊件纵向截面腐蚀处理后的采集图。

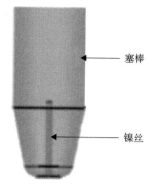

图 6-19　示踪材料嵌入位置

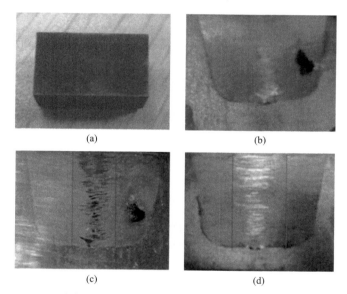

图 6-20　相同焊接参数下的不同试件断面

　　腐蚀溶液对 Q345 钢和镍材料的腐蚀程度不同,从图 6-20 中可以清楚地看到镍丝和母材的分布区域。图中较亮的白色区域是镍示踪材料于焊接完成后在母材中的迁移分布情况,两侧为焊接结合线,结合线以里是母材塞棒,结合线以外是母材基块,整个接头在焊接结合线处均无缺陷,而在右侧塞棒内部的黑色区域存在一点焊接缺陷。由于本试验是观察焊后镍元素在母材中流动后的分布情况,所以缺陷本身对图像的采集和分析处理结果没有直接影响。

　　从图 6-20 可以清楚地看到嵌入塞棒中的镍示踪材料在整个单元成形过程中对比初始嵌入位置发生了明显迁移。焊接初始阶段由于接触表面局部区域的焊接压力在短时间内达到极大值,所以此时摩擦接触面的主要特征是表面磨损、机械挖掘和微观连接。

随着焊接过程进入焊接加热阶段，在加热阶段中，摩擦界面的热量向塞棒中心及附近区域迅速传递，但高温还是主要集中在远离塞棒中心的外围区域，由于组合形状是锥形斜面，摩擦面积逐渐增大，所以摩擦力矩增大，由摩擦产生的温度最高值也不断增大，母材和示踪材料的塑性化程度提高，材料的屈服极限强度和抵抗变形能力也随之降低，塑性化母材在主轴轴向力、摩擦接触面间的摩擦力、周向剪切力的共同作用下，沿锥形面填充塞棒和基块孔间的间隙，示踪材料同时也跟随母材流动而发生相应的流动变化，对应图 6-21 中的 A 段示踪材料流动分布情况，其分布区域在短时间内发生了很大变化，由原始径向方向的 1.2mm 增大到 1.8mm。

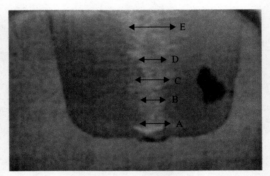

图 6-21　　4500r/min 下镍丝分布范围
A. 1.8mm；B. 1.5mm；C. 2.1mm；D. 1.7mm；E. 3.3mm

当进入摩擦稳定阶段，由于加热阶段的热量存储到一定程度，所以金属材料的塑性化状态不断加强，从而使塑性材料发生剪切变形所需的摩擦力矩有减小的趋势，故摩擦产热率相比之前有所下降，但温度值并不会发生大的波动，塑性区厚度会维持在一个动态平衡状态，材料逐渐消耗的速率也基本维持不变，更多的材料被挤压填充空隙，所以图 6-21 中 B 阶段镍示踪材料的迁移扩散范围比 A 阶段稍有减小，此时 B 阶段镍示踪材料的变化程度比较平稳，不会出现忽左忽右的较大迁移，在图 6-21 中基本上都保持在径向方向 1.5～1.6mm。

但是，随着主轴向下的进给，塞棒轴向长度因塑性材料填充周围空隙而缩短，塞棒和基块未熔合的材料逐渐向摩擦面移近，又继续形成了新的摩擦界面，因而摩擦力矩进一步增大，摩擦面附近温度略微上升，塑性母材和示踪材料发生新的流动迁移，对应图 6-21 中 C 阶段示踪材料的分布区域。从图中可以看出，C 阶段示踪材料流动迁移后的分布区域与 B 阶段的分布区域相比又出现了增大的趋势。如此重复，又出现塑性材料区域保持一定的动平衡状态，摩擦力矩减小，温度维持在一个峰值附近，塑性金属平稳流动且不发生突变，此时的流动情况对应图中的 D 阶段，所以 D 阶段的镍材料分布范围较 C 阶段小，但由于材料塑性化程度高于 B 阶段，所以其迁移能力高于 B 阶段。

当焊接进行到顶锻阶段时，施加的顶锻力会导致焊接结合面区域的塑性材料受到更大的挤压作用，出现更大的塑性急速变形，从而形成了图 6-21 中 E 阶段示踪材料在接头顶端发生大范围迁移的情况。

整个单元成形过程中示踪材料发生"层次性"的不同范围内的流动分布，这一点与德国 GKSS 中心研究钢摩擦叠焊示踪材料的塑性流动具有很高的相似度，这是由焊接过程中各个阶段所产生的热影响区不同造成的，并且这一过程一直持续到焊接结束为止。

3. 不同焊接参数对塑性金属流动性的影响

为了研究摩擦转速对焊接成形过程中塑性金属流动的影响，进行主轴转速为 3500r/min，焊接进给速度为 15mm/min，填充量为 8mm、顶锻力为 5kN 的焊接试验。同样按照焊后切割、打磨、抛光、腐蚀、扫描的步骤得到如图 6-22 所示的截面采集图。从图中可以看出，在转速为 3500r/min 的条件下，焊接试件中镍示踪材料的整体分布情况与转速为 4500r/min 的分布情况具有相似性，即在塞棒内发生"层次性"的流动分布。对比其示踪材料的流动分布图可以看出：低转速下，在摩擦刚开始时接触面处的机械挖掘、磨损更明显；高转速下，示踪材料的流动迁移范围更广，而且流动状态更有"层次性"，说明在焊接过程中塑性材料的流动性随摩擦产热量的增加而发生改变，进而导致塑性材料的流动性不同；由于高转速摩擦产热的功率大，焊接单元热输入量也相应增多，焊缝区域的母材便更容

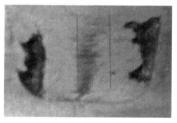

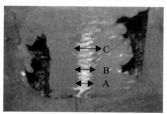

图 6-22　3500r/min 下不同截面采集图

A. 1.7mm；B. 1.6mm；C. 2.5mm

易、更快地达到塑性化状态，而且通过测量不同转速下的焊接压力并对比分析后发现：高转速下的焊接压力在焊接过程中比低转速下的焊接压力大，塑性化状态材料的流动性也较低转速时更好，在摩擦力、剪切力的作用下更容易受到挤压而填充周围缝隙，所以观察高转速下焊后示踪镍材料的分布范围比低转速下的分布范围更广。

6.1.6　成形过程的数值仿真研究

1. 几何模型

基于摩擦叠焊单元成形的工件形状，在大型有限元软件 ABAQUS 的前处理中建立几何模型，划分网格。由于工件的形状都是轴对称的，所以选取二维轴对称模型进行有限元建模。模型分为两个部分，包括旋转工件与基块，有限元网格模型如图 6-23 所示。

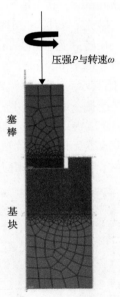

图 6-23　摩擦叠焊单元成形仿真模型

2. 材料模型

Q345 钢材料的元素构成如表 6-1 所示。摩擦焊接数值仿真的难点在于如何处理材料在接近熔点时的力学性能参数。由于焊接过程是一个大变形塑形变形过程，热膨胀变形相对较小，可以忽略。其他与温度相关的热物性参数包括屈服应力与比热容随温度变化的数值，均可由文献查得。部分材料的性能参数如表 6-2 所示，J-C（Johnson-Cook）本构模型的参数如表 6-3 所示。

表 6-1　Q345 中主要元素成分及含量　（单位：%，质量分数）

C	Mn	Si	P	S
≤ 0.20	≤ 1.70	≤ 0.50	≤ 0.035	≤ 0.035

表 6-2　Q345 的物理性质

熔点/℃	比热容 /[J/ (kg·℃)]	热导率 /[W/ (m·℃)]	弹性模量 / GPa	密度 ρ/(g/ cm³)	泊松比
400～1500	480	48	206	7.85	0.31

表 6-3　Q345 的 J-C 本构模型参数

屈服强度 A/MPa	硬化模量 B/MPa	应变率敏感系数 n	温度软化系数 C	应变硬化指数 m
374	795.7	0.454	0.0158	0.606

3. 边界条件及载荷

边界条件及载荷的设置主要包括轴向力和转速两方面。基块全程固定，限制所有自由度，在工件顶部施加压强与转速，如图 6-24 所示。由于摩擦叠焊单元成形及摩擦螺柱焊过程中各个阶段场的变量差异巨大，所以材料的性能差异也非常大，单一的工艺参数并不能完成整个焊接工艺。为了克服这个困难，摩擦焊接的工艺参数是多级别的，所以将整个阶段分成几个工艺参数段，在每段针对此阶段的焊接状态制定焊接工艺参数，分段的主要依据是轴向进给数值，具体工艺参数见表 6-4[84]。

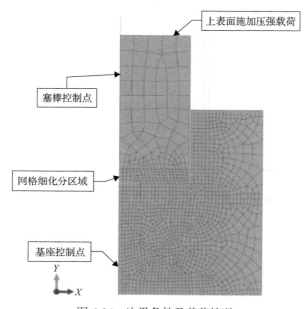

图 6-24　边界条件及载荷情况

表 6-4　Q345 钢摩擦叠焊的工艺参数

主轴转速/(r/min)	焊接压力/MPa	进给速度/(mm/min)	阶段/mm
8000	5	120	初始
7000	5	120	0~1
7500	5	120	1~2
7500	5	110	2~4
8000	5	110	4~6
8000	5	110	6

4. 网格重划分

摩擦焊接过程是一个包含大变形的热塑性问题，采用常规方法计算时会因出现大变形而引起网格畸变，致使计算无法进行。为了在数值模拟中避免这类问题，本研究采用网格自适应法实现了局部区域的网格自动重划分。

网格自适应方法是有限元领域的一种比较新的计算技术，原理是依据场变量在某处的分布并结合此处的网格畸变程度，如果迭代计算发生困难则自动在此区域进行网格重划分，使模型可以继续计算下去，图 6-25 为网格自适应技术的效果图示。

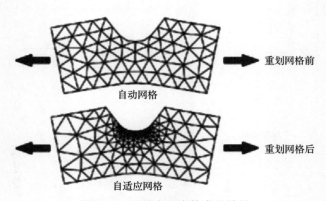

图 6-25　网格自适应技术的效果

网格重划分—变量映射方法的过程分为两部分：①提取上一个步长计算得到的变形网格部件到新的步长模型中；②将上一个步长计算得到的场变量数值映射到新的步长模型中，图 6-26 为网格重划分—变量映射方法的效果示意图。

整个有限元计算过程如图 6-27 所示。

整个过程用脚本语言 python 控制，是否进行网格重划分取决于一个自定义的参数——轴向缩短量。通过设定一个轴向缩短量的阈值，当在一个步长中计算得

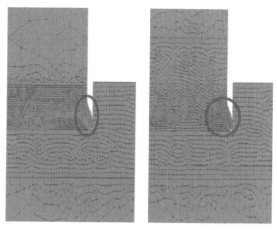

图 6-26　网格重划分—变量映射方法的效果示意图

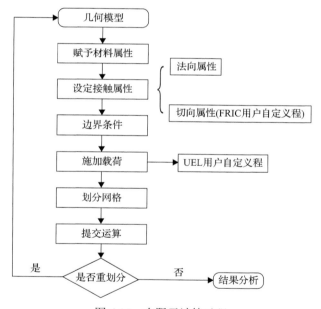

图 6-27　有限元计算过程

到的轴向缩短量达到此值时即可进行网格重划分。

　　具体网格重划分的逻辑顺序如图 6-28 所示。

5. 算例验证

　　为了验证有限元模型的正确性，选取比较典型的锥形预制孔的摩擦叠焊单元成形作为算例，通过与试验结果的对比，得出结论。本节主要通过 4 个方面的验证：断面形貌、轴向缩短量、粒子追踪迁移情况及特定点温度的热循环曲线。

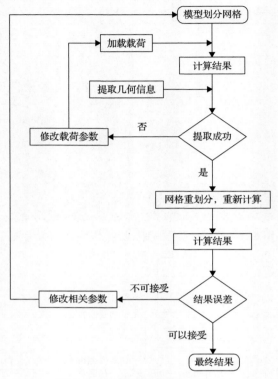

图 6-28　脚本语言控制程序逻辑

　　摩擦焊接过程中飞边的形成取决于材料的受力情况、温度场的分布、摩擦剪切力等的共同作用，所以断面形貌，尤其是飞边形状对摩擦焊接质量的影响非常明显。所以，对于数值计算仿真，断面形貌与实际情况的一致性反映了有限元模型的正确性。为了将数值结果与实际试验对比，进行了锥形预制孔的摩擦叠焊单元成形工艺试验，并以相同的工艺参数进行了数值仿真计算[85-87]，结果如图 6-29所示，图 6-29（a）为实际试验得到的飞边及断面形貌，图 6-29（b）为数值仿真计算

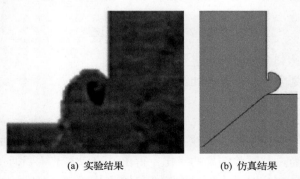

(a) 实验结果　　　　　　　　(b) 仿真结果

图 6-29　摩擦叠焊单元成形断面形貌对比

的结果，其断面形貌的一致性很明显，说明有限元模型的准确性。

选取摩擦叠焊塞棒的底面中心点分别在实际试验和数值模拟中记录其轴向缩短量随时间的变化。由于温度场与应力场的变化均作用于轴向缩短量的变化，所以轴向缩短量变化的数值计算结果与试验结果吻合程度也验证了数值仿真的有限元模型的正确性。

图 6-30 为数值仿真的轴向缩短量变化，焊接初始阶段的轴向缩短量变化并不明显，这是因为工件相互摩擦的时间短，摩擦生热的热量积累不够，所以材料的温度软化现象并不明显，所以在轴向力的作用下，轴向缩短量并不明显。经过焊接初始阶段的摩擦与相互融合后，在焊接开始后的 3s，摩擦叠焊单元成形进入准静态焊接阶段，此时整个焊接系统已经十分平稳，随着摩擦焊接生热的热量积累已足够将接触面附近的材料加热到高温状态（高于 800℃），此时材料的状态已进入软化状态，所以由仿真结果可知轴向缩短量急剧增加。从图中可以看出，轴向缩短量的增加在一段时间后逐渐放缓，甚至停顿，而这反映了摩擦叠焊单元成形的一个特点，即由于整个摩擦叠焊单元成形的过程很短暂，接触面的高温高热量密度并没有来得及传送到工件的其他部分，所以在最初的软化材料沿预制孔的孔壁被挤走后，与预制孔底面接触的是还没有来得及软化的塞棒材料，之后又开始了新一轮的摩擦生热-材料软化过程。此现象便是摩擦叠焊单元成形中的"分层"现象，如图 6-31 所示，这一点与实际的试验结果一致。在大约 5s 的时刻，轴向缩短量又一次急剧上升，说明此时的接触面材料又进入了软化阶段，在轴向力的作用下，软化材料被挤走，引起了塞棒在轴向缩短量的快速上升。这次材料软化的时间与初始阶段相比较短，原因是初始阶段的软化材料已经将部分热量经热传导传递给这次被软化的部分材料，因此在此基础上进行摩擦生热的时间减少。在

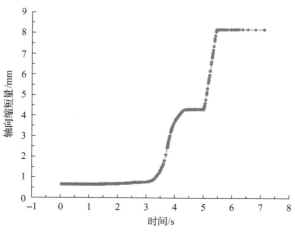

图 6-30　轴向缩短量的数值仿真计算结果

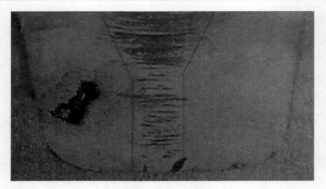

图 6-31　摩擦叠焊单元成形的"分层"现象

6.5s 时，轴向缩短量的变化再次停止，说明又一次"分层"现象的出现，新一轮的相互摩擦已在新的接触面进行，如此过程持续进行，直到塞棒材料填满预制孔。

　　为了验证数值模型的材料流动行为与真实摩擦叠焊单元成形的材料流动行为一致，在轴对称模型的中心处选取一系列的"质点跟踪点"，这样在整个仿真过程中，计算程序会一直跟踪这些点的位置，并在后处理程序中显示出跟踪点的位移信息。如图 6-32 所示，对比结果表明材料流动最明显的地方并不在塞棒底部，而是距底部有一段距离。试验结果表明，镍丝发生明显的分散质点行为，而数值仿真结果也出现了明显的分散质点行为，这与试验结果相同。数值结果显示在塞棒底部跟踪点的迁移情况最明显，出现此问题的原因是数值模型采用的是准静态算法，所以无法计算离心作用对跟踪点迁移的影响，也可能是数值模型包含了复杂的热力耦合算法，所以可能会忽略某些实际的影响因素。

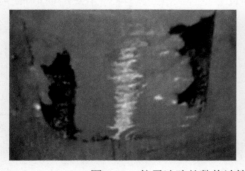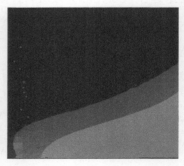

图 6-32　粒子追踪的数值计算与试验结果的对比

　　为了验证数值仿真结果的正确性，本节进行了关于摩擦叠焊单元成形的温度场分布的分析研究和圆柱形预制孔的摩擦叠焊单元成形的数值仿真与焊接试验。图 6-33 为焊接接触面塞棒径向距离轴线 0mm、3mm、6mm 三个位置处的温度随时间变化曲线。三个点的温度均随焊接时间的增加而升高，焊接初始阶段的温升速率较大，随着焊接过程的稳定，温升速率逐渐减缓。其中比较特殊的是距离轴线 6mm 的位置，当焊接时间达到 4.5s 后，温度不再上升并保持在 1000℃左右，相对 3mm 位置的温度较低，此处有利于材料的变形，而这也与实际焊接过程中圆柱形预制孔在过渡角位置容易出现焊接缺陷的情况相吻合。

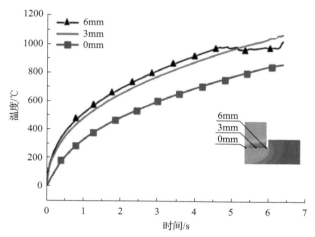

图 6-33　焊接接触面塞棒在径向不同位置处的温度随时间变化曲线

6.1.7　工艺参数对焊接质量的影响研究

1. 不同预制孔的影响

在摩擦叠焊单元成形过程中，目前最常用预制孔形状分别是圆柱形预制孔与圆锥形预制孔，几何示意如图 6-34 所示[88]。

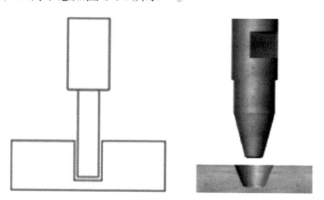

图 6-34　两种预制孔示意图

不同的预制孔形状对焊接成形质量的影响比较明显。不同预制孔形状的摩擦接触面不同，从而影响摩擦生热的方式，最终在接触面上使整个工件温度场的分布产生重大差异。温度场的变化直接影响了应力场的分布，由于工件材料的物理性能均是温度的函数，所以温度场的变化对材料的承载力及变形模式的影响非常明显。除了温度场与应力场的变化，不同预制孔形状对塞棒变形的影响也十分明显，尤其是对飞边的形成与演变有明显的限制。综上所述，预制孔的形状对摩擦叠焊单元成形的过程影响明显，所以对不同的预制孔形状进行数值仿真研究是十分必要的。选取随温度变化的弹塑性本构理论作为材料的本构模型，分别进行圆柱形预制孔与圆锥形预制孔的摩擦叠焊单元成形的数值仿真模拟。

1) 温度场对比

图 6-35 和图 6-36 分别为在其他焊接参数相同时，圆柱形预制孔与圆锥形预制孔在同一时刻的温度场分布，此时塑形变形已经很明显，处于焊接过程中段。由于圆柱形塞棒在摩擦接触阶段并没有与预制孔侧壁发生摩擦生热，所以预制孔侧壁温度较低。塞棒底面沿径向方向随线速度的增大，产热量增大。因为塞棒底面半径较大，所以温度场分布差距明显。圆锥形预制孔进行焊接时，塞棒与孔的底面及侧壁均有接触摩擦。在最初建立接触阶段后，整个摩擦接触面的产热量均匀，因此温度场的分布也均匀[89]。

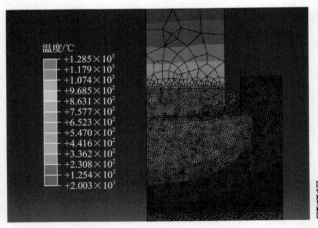

图 6-35　圆柱形预制孔的温度场分布(扫码见彩图)

2) 应力场对比

如图 6-37 和图 6-38 所示，圆柱形预制孔进行焊接时，在接触面处，由于温度场分布不均匀，其应力场分布在径向方向也有很大差别。因为挤入塞棒与孔间隙中的材料温度已经接近熔点，此时塑性变形已经很大，并且这部分材料不受轴向力的作用，只承受径向的挤压力，所以其应力值较低，只有 8.15MPa。

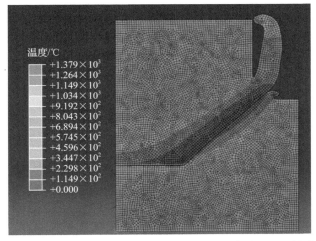

图 6-36　圆锥形预制孔的温度场分布（扫码见彩图）

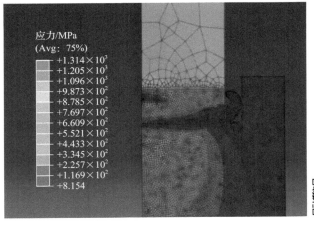

图 6-37　圆柱形预制孔的应力场分布（扫码见彩图）

作为对比，圆锥形预制孔在进行焊接时，在接触面处，由于温度场分布均匀，材料力学性能在径向方向上的差别不大，所以其应力场在径向方向上的差别也很小，承载能力差别不大，应力值达到 30MPa。

3）拉伸性能对比

拉伸性能是焊接接头性能的重要指标，影响材料抗拉强度的因素除材料本身强度不同外，焊接接头的焊接质量也是很重要的因素。焊接接头的质量取决于焊接过程中温度场、应力场的相互作用，所以焊接质量也取决于热力耦合两方面的作用。

如图 6-39 所示，取焊接完成后的焊接接头进行标准件加工并在拉伸性能试验机进行拉伸试验。如图 6-40 所示分别为圆锥形预制孔和圆柱形预制孔在相同焊接参数下得到的接头拉伸试验结果。由于圆锥形预制孔进行焊接时，接触面的温度场和应力场分布均匀，所以材料性能与受力较圆柱形预制孔分布均匀。因此，在顶锻阶段，圆锥形预制孔接触面的实际承载能力强于圆柱形预制孔，所以其焊接接头的抗拉能力更强。

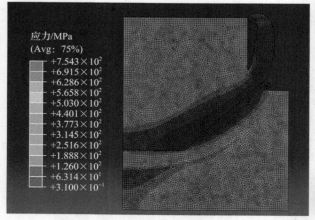

图 6-38　圆锥形预制孔的应力场分布（扫码见彩图）

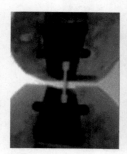

图 6-39　焊接接头拉伸性能试验

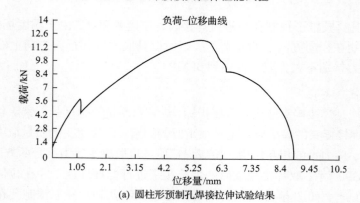

(a) 圆柱形预制孔焊接拉伸试验结果

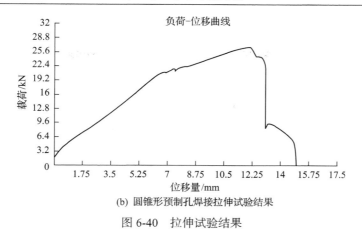

(b) 圆锥形预制孔焊接拉伸试验结果

图 6-40　拉伸试验结果

2. 不同锥角的影响

通过数值计算得到温度场和应力场的结果及拉伸性能的试验比较，可以得出锥形预制孔的焊接质量较好。由于预制孔锥角角度的不同将造成摩擦生热量和材料变形的几何边界的改变，进而影响焊接质量。为了研究不同锥角的预制孔对摩擦叠焊单元成形的影响，进行五组不同锥角的试验，分别为 15°、30°、45°、60°、75°，如图 6-41 所示，其他焊接工艺参数均相同。

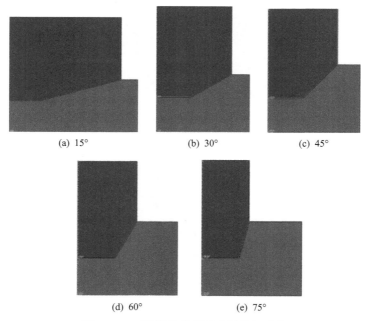

(a) 15°　　　　　　　　(b) 30°　　　　　　　　(c) 45°

(d) 60°　　　　　　　　(e) 75°

图 6-41　五组数值仿真试验的几何形状

1) 温度场对比

如图 6-42 所示为不同锥角的预制孔在同一焊接时刻的温度场分布。从图中可以看出，当锥角大于 60°时，焊接温度场的分布与圆柱形预制孔温度场分布的趋势一致，由于侧壁的不充分接触将导致严重的几何非线性，塞棒底部接触面在轴向力

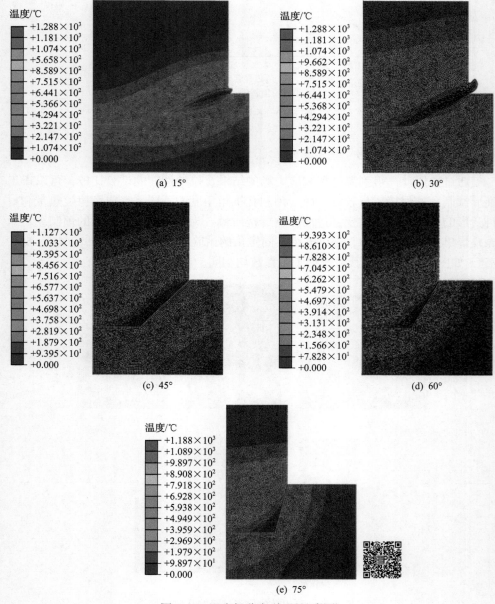

图 6-42　温度场分布(扫码见彩图)

的作用下充分摩擦生热，温度上升的速度快。塞棒与预制孔侧壁接触面上因锥角过小，故接触面法线方向的正压力较小，所以摩擦剪切力小，从而在此接触面上的摩擦生热力度较小，所以温度上升缓慢，只能依靠塞棒内的热传导提高温度。与此相对，当锥角达到 45°时，接触面的几何非线性大幅度减小，接触面法向正压力差距减小，所以摩擦生热的力度均匀，温度场分布也更加均匀。但是，当锥角为 15°时，由于锥角过小，接触面积大，故线速度差异也越来越大，所以摩擦生热功率的差距大，温度场分布的差异也大，因此锥角过小也不利于温度场的均匀分布。

2）应力场对比

如图 6-43 所示为不同锥角的预制孔在同一时刻的应力场分布。应力场分布的规律可以参考温度场分布，随着锥角的增加与温度场的分布更加均匀，应力场分布也由几何非线性所引起的应力分布差异较大过渡到应力场均匀分布。由不同预制孔的对比结果可知，应力场的均匀分布有利于焊接接头的良好结合。但锥角为 15°是一个特例，原因是温度场的分布不均匀导致材料性能在接触面径向上的差异大，所以应力场分布不均。

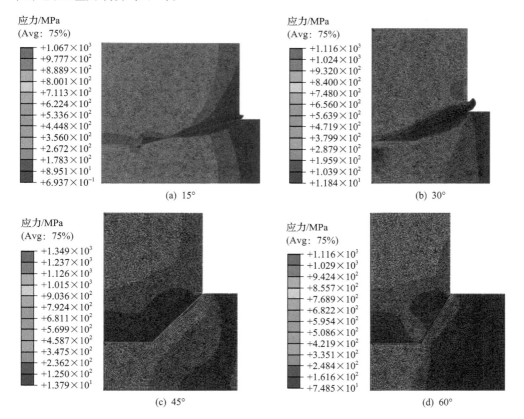

(a) 15°　　　　　　　　　　　　　　(b) 30°

(c) 45°　　　　　　　　　　　　　　(d) 60°

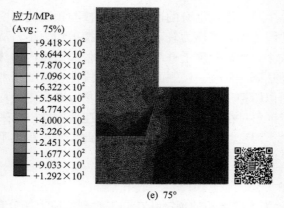

(e) 75°

图 6-43　应力场分布（扫码见彩图）

　　为了考察不同锥角的预制孔对焊接接头的影响，对应数值仿真的五组工艺参数，进行了五组的摩擦叠焊单元成形的试验研究，发现在做第一组试验时，由于锥角过小，整个摩擦接触面的面积增大，摩擦剪切力增大，所以摩擦剪切面的转矩增大，当超过摩擦焊机的额定值时，焊机已不能承受，出现焊接停止的现象，说明虽然随着锥角的减小，温度场的分布更均匀，但由于预制孔的面积增大，摩擦接触的力度也迅速增加，从而增加了摩擦焊机的负荷，当超过焊机的承载极限时，焊接便不能进行了。

3）力学性能对比

不同倾角焊接试件的拉伸力学性能如图 6-44 所示。

拉伸力学性能试验结果表明，随着锥角的减小，焊接接头的拉伸断裂强度不断增加，说明接触面温度场的均匀度及摩擦接触结合面应力场分布的均匀度对焊接接头材料强度的影响明显，但当锥角减小到一定程度时便会超出焊机的负载，这时应根据具体的施工情况进行模拟试验，进而确定锥角的适当值。

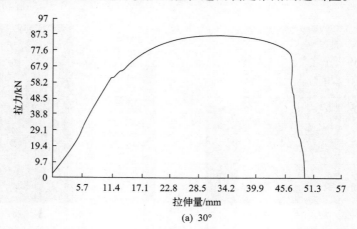

(a) 30°

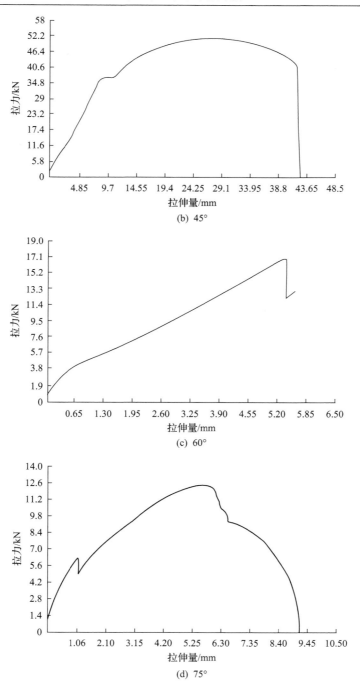

(b) 45°

(c) 60°

(d) 75°

图 6-44　不同锥角下拉伸性能力学性能曲线

　　弯曲力学性能试验表明(图6-45、图6-46),随着预制孔的锥角不断增加,出现裂纹的弯角不断增加,说明焊接接头的韧性越来越好,说明接触面温度场的均匀度及摩擦接触结合面应力场分布的均匀度对焊接接头材料韧性的影响非常明显,但总的来说摩擦叠焊单元成形的焊接接头的弯曲性能并不好,五组锥角试验均未弯到180°。如何增加摩擦叠焊单元成形焊接接头的韧性,还需要进行后续研究。

图 6-45　弯曲性能测试试验过程

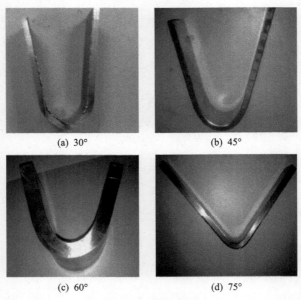

(a) 30°　　　　　　　　　　　(b) 45°

(c) 60°　　　　　　　　　　　(d) 75°

图 6-46　弯曲性能试验结果

3. 不同轴向力的影响

　　为了便于分析轴向力对摩擦叠焊单元成形的影响,分别进行了三组工艺数值仿真试验,三组的转速参数是固定的,只有轴向力发生变化,具体工艺参数如表6-5～表6-7所示。

表 6-5　不同轴向力影响的第一组工艺参数

主轴转速/(r/min)	焊接压力/MPa	进给速度/(mm/min)	阶段/mm
8000	4	120	初始
7000	4	120	0~1
7500	4	120	1~2
7500	4	110	2~4
8000	4	110	4~6
8000	4	110	6

表 6-6　不同轴向力影响的第二组工艺参数

主轴转速/(r/min)	焊接压力/MPa	进给速度/(mm/min)	阶段/mm
8000	6	120	初始
7000	6	120	0~1
7500	6	120	1~2
7500	6	110	2~4
8000	6	110	4~6
8000	6	110	6

表 6-7　不同轴向力影响的第三组工艺参数

主轴转速/(r/min)	焊接压力/MPa	进给速度/(mm/min)	阶段/mm
8000	8	120	初始
7000	8	120	0~1
7500	8	120	1~2
7500	8	110	2~4
8000	8	110	4~6
8000	8	110	6

图 6-47 为在不同轴向力下同一个时刻的温度场分布，可知随轴向力的增加，在相同的摩擦因数条件下摩擦剪切力增加，所以在相同时间段内，摩擦生热量增加，温度上升速度增加。

图 6-48 为不同轴向力下塞棒底面中心点温度随时间的变化。由塞棒底面中心点的温度循环曲线可以看出，随着轴向力的增加，中心点的温度上升速度明显加快，这与实际相符。因为由摩擦本构模型可知，随着轴向力的增大，摩擦剪切力也相应增大，从而影响摩擦生热的力度，使摩擦界面温度上升的速度加快。但是，随着摩擦生热力度的增加，发现在第三组工艺参数时塞棒底面中心点的温度已上

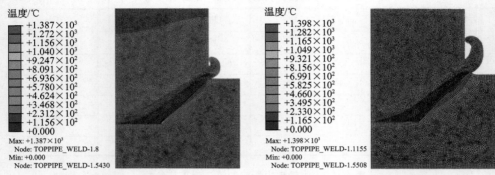

(a) 4MPa压力条件下的焊接温度场分布　　　　　　(b) 6MPa压力条件下的焊接温度场分布

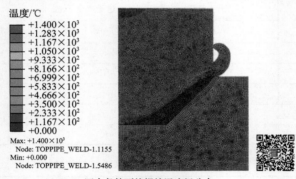

(c) 8MPa压力条件下的焊接温度场分布

图 6-47　三组温度场分布(扫码见彩图)

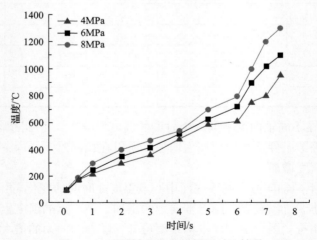

图 6-48　不同轴向力的热循环对比结果

升到 1400℃，而 Q345 钢材料的熔点为 1400～1500℃，说明此时塞棒底部已有部分材料熔化，变为液体状态，这与实际摩擦焊接技术工艺不相符，说明产热量过大，不利于摩擦焊接成形。在实际的工程运用中，对于成本较高的摩擦焊接工艺，为了降低试验参数的成本，可利用数值仿真的方法确定焊接工艺参数，以免出现焊接接头熔化的现象。

4. 不同转速的影响

为了便于研究分析不同塞棒转速对摩擦叠焊单元成形的影响，同样进行了三组不同工艺参数的数值仿真模拟，其中三组参数的压力是一样的，转速从小到大，具体参数如表 6-8～表 6-10 所示。

表 6-8　不同转速影响第一组工艺参数

主轴转速/(r/min)	焊接压力/MPa	进给速度/(mm/min)	阶段/mm
8000	5	120	初始
6500	5	120	0～1
7000	5	120	1～2
7000	5	110	2～4
7500	5	110	4～6
7500	5	110	6

表 6-9　不同转速影响第二组工艺参数

主轴转速/(r/min)	焊接压力/MPa	进给速度/(mm/min)	阶段/mm
8000	5	120	初始
7000	5	120	0～1
7500	5	120	1～2
7500	5	110	2～4
8000	5	110	4～6
8000	5	110	6

表 6-10　不同转速影响第三组工艺参数

主轴转速/(r/min)	焊接压力/MPa	进给速度/(mm/min)	阶段/mm
8000	5	120	初始
7500	5	120	0～1
8000	5	120	1～2

主轴转速/(r/min)	焊接压力/MPa	进给速度/(mm/min)	阶段/mm
8000	5	110	2～4
8500	5	110	4～6
8500	5	110	6

图 6-49 为不同转速下轴向缩短量随时间的变化。从对比情况可以看出，随着转速的增大，轴向缩短量在焊接初期的差异并不大，看不出明显的差距，但随着焊接时间的增加，差距慢慢出现，转速越大，轴向缩短量越明显。这是由两方面原因造成的。随着转速的增大，摩擦界面温度上升加快，促使接触面附近材料的高温软化速度加快。在相同的轴向力下，结合材料的高温软化现象，材料更容易从侧壁挤出，所以轴向缩短量的变化较快，这与实际焊接经验相符。

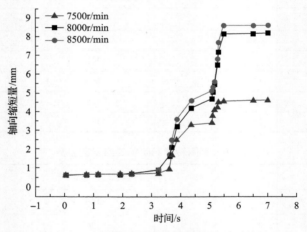

图 6-49　不同转速下轴向缩短量的对比结果

针对转速最小的第一组轴向缩短量的结果，可以看出与另外两组有明显差距，即在整个焊接过程中轴向缩短量的变化不大，无法保证在焊接过程中材料的充分融合。所以，转速过小，不仅使摩擦生热量减少，而且材料没有足够的温度软化，不利于焊接接头材料的充分渗透融合，从而影响焊接接头质量。

图 6-50 为不同转速下等效塑性应变场分布对比，根据结果可知不同转速对摩擦焊接塑性应变场的影响与不同压力下温度场的对比试验结果非常相似，这是因为压力与转速的不同最终都反映在了摩擦生热的力度，转速的增加导致摩擦生热的功率增加，所以温度上升得快，材料的软化也随温度的升高而加剧。所以，在相等的压力作用下，转速越快，等效塑性应变越大，这与实际的摩擦焊接工艺相

吻合。

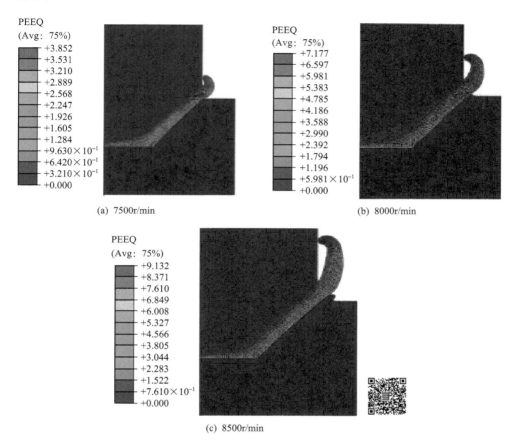

(a) 7500r/min

(b) 8000r/min

(c) 8500r/min

图 6-50   不同转速下等效塑性应变场分布对比(扫码见彩图)

6.2   水下摩擦螺柱焊

6.2.1   水下摩擦螺柱焊技术简介

水下摩擦螺柱焊(图 6-51)因属于固相连接方式,具有焊接过程中不产生电弧、可在湿式和高压环境下直接施焊、可由 ROV 系统驱动、作业安全性高等特点,特别适合在深水条件下的水下维修作业,是水下钢结构维抢修技术领域的重要技术之一[90]。

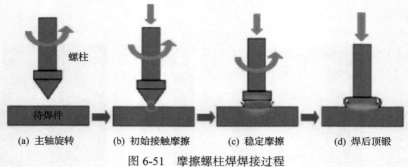

　　　　(a) 主轴旋转　　　　(b) 初始接触摩擦　　　　(c) 稳定摩擦　　　　(d) 焊后顶锻

图 6-51　摩擦螺柱焊焊接过程

6.2.2　水下摩擦螺柱焊技术的国内外发展现状

　　英国焊接研究所是最早开展水下摩擦螺柱焊技术研究的机构。1983 年，Nicholas[91]为了解决北海采油平台水下钢结构牺牲阳极补充安装的问题，建造了一套可模拟水下 200m 压力环境的小型高压焊接试验舱，并开展了焊接工艺参数、零件几何形状对焊缝完整性影响的试验研究。结果表明，在 200m 水深的有水环境中，可以获得高强度的摩擦螺柱焊焊接接头。另外，该团队于 1984 年开发了一套 300m 级水下摩擦螺柱焊工程样机并进行了多次海试，最大作业水深为 150m（图 6-52）。

图 6-52　1984 年英国焊接研究所开发的 300m 级水下摩擦螺柱焊工程样机[91]

　　1991 年，为了满足 bp 石油公司 Schiehallion FPSO 配套海底管道牺牲阳极水下补充安装的要求，英国 Circle 公司在英国焊接研究所的研究基础上，在实验室高压舱模拟环境中开展了 600m 级水下摩擦螺柱焊焊接工艺试验研究，同时开发了一套 1000m 级水下摩擦螺柱焊焊接作业系统（HMS3000）（图 6-53），并在 Coflexip Stena Offshore 公司 MRV5 工作级 ROV 的支持下，成功进行了一系列深水海底管道牺牲阳极水下补装作业，最大作业水深 395m，创造了目前全球最深的水下摩擦螺柱焊作业纪录(图 6-54)。此外，Circle 公司在随后的 30 年为多家国际知名石油公司提供了基于水下摩擦螺柱焊技术的水下安装与维修服务(图 6-55)。其中包括于 2005 年为中国海洋石油股份有限公司提供的从"惠州 26-1"平台到 FPSO 间共 25km 海底管道在不停产状态下的牺牲阳极加装焊接服务，作业水深 113～120m。

图 6-53　摩擦螺柱焊接过程

图 6-54　焊接在管道上面的螺柱

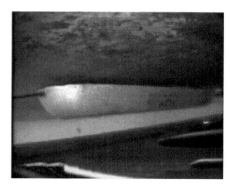
(a) 导管架牺牲阳极的焊接安装

(b) 海底管道牺牲阳极安装螺柱的焊接

图 6-55　Circle 公司开展的水下摩擦螺柱焊作业服务

除英国外，波兰、美国、印度、挪威等国也相继开展了水下摩擦螺柱焊技术的研究。2000 年，波兰弗罗茨瓦夫大学的 Ambroziak 和 Gul[92]针对海洋结构和海底管道常用的 S355 钢材料开展了常温、有水条件下的焊接工艺试验，确定了在其现有设备性能范围内可焊接的最大螺柱尺寸。

2005 年，美国海军司令部在一份名为《美国海军潜水员和救助人员》的官方通信中，报道了其开发的基于水下摩擦螺柱焊技术的军舰不进坞牺牲阳极安装系统(图 6-56)。出于保密原因，该文献未对其相关的水下焊接工艺及技术细节进行详细介绍。

另外，为了解决 LCS-2 濒海战斗舰（图 6-57）的水下船舶维护、应急损害控制及水下打捞问题，2020 年 12 月美国国防部网站发布了一项对于潜水员手持轻型水下液压摩擦螺柱焊系统和 5000 系列铝合金水下摩擦螺柱焊焊接工艺的技术需求，文件中提到：美国目前尚不掌握针对铝合金的水下摩擦螺柱焊焊接技术，需要针对 5000 系列铝合金材料开展进一步研究和技术开发，以填补海军目前在铝船体上进行水下湿焊的空白。项目要求技术供应方能够提供包括焊接工艺、轻型焊接系统、焊接接头的无损和破坏性检验，以及最终在佛罗里达州巴拿马城海军潜水试验部队进行海试的全套技术服务。

图 6-56　美国海军水下摩擦螺柱焊系统　　　图 6-57　美国 LCS-2 隐形濒海战斗舰

2012～2019 年，印度施伦克工程学院的 Jesudoss Hynes 等[93]在印度科技部基金的支持下开展了铝-低碳钢异种材料的水下摩擦螺柱焊焊接工艺研究。研究内容包括旋转速度、摩擦时间、轴向缩短距离等参数对焊接接头组织形态和力学性能的影响；建立了常压、干式环境下 AA6063-AISI304 材料摩擦焊过程中的温度分布和传热过程计算模型；建立了有水、常温、常压环境下摩擦螺柱焊的数学模型，并对其焊接温度场进行计算；以冲击强度和轴向缩短长度为目标，以转速、摩擦时间和焊接压力作为有影响的焊接工艺输入参数，建立了摩擦焊接过程的模糊逻辑模型，并用以预测 AA6063-AISI1030 材料的最佳焊接工艺。

虽然，挪威是海洋石油大国，但对水下摩擦螺柱焊技术方面的研究起步相对较晚。2014 年，斯塔万格大学 Ratnayake 和 Brevik[94]提出：在水下摩擦焊接过程中，尤其是在深水条件下，焊接接头的组织及力学性能将受到水温变化的影响。为了控制焊接接头硬度、提高焊接质量，该课题组建立了一套带水槽的小型试验系统，并以预期硬度为目标，采用工程稳健设计方法，对最佳焊接工艺参数组合进行了计算研究和试验验证（图 6-58）。

在国内，北京石油化工学院于 2011 年开始开展水下摩擦螺柱焊技术方面的研究工作，是目前国内唯一一家开展该技术研究的单位。前期已开展的研究内容主要包括在空气和有水的常压条件下，摩擦螺柱焊焊接工艺参数、试件结构尺寸及预热和氩气保护对焊接质量的影响；基于 MSC.Marc 软件的焊接过程数值模拟计算研究及不停输海底管道摩擦螺柱焊焊接安全性研究等内容。2013～2016 年，与中海石油(中国)有限公司深圳分公司合作开展了基于 ROV 系统的水下摩擦螺柱焊技术应用研究，并完成了 100m 级水下摩擦螺柱焊的海试工作。2017～2018 年，在实验室高压舱模拟环境下，开展了 300m 级高压、低温有水环境下的焊接工艺试验研究，并于 2019 年成功完成了水下 315m 的海试作业。由此我国成为继英国之后，目前全球第二个掌握 300m 级水下摩擦螺柱焊焊接工艺且具备商业化作业能力的国家(图 6-59)。

图 6-58　挪威斯塔万格大学的水下摩擦螺柱焊试验系统

图 6-59　基于 ROV 的水下摩擦螺柱焊系统及 315m 水下焊接试件

6.2.3　水下摩擦螺柱焊试验装置

　　摩擦螺柱焊试验设备如图 6-60 所示，主要由机械系统、液压系统、电控系统和数据采集系统等组成，其中机械系统主要由主轴头、试验台架、试验底座、焊接平台和试验水槽组成，液压系统分为大泵站和小泵站两大部分，分别为主轴头旋转和进给，以及试验台架的上下移动提供动力，电控系统主要控制液压系统中电动机的启动和停止，并以液压控制阀的开和关，数据采集系统包括固化在液压系统中的各种传感器及数据采集卡，以及用于焊接过程动态监测的外接热电偶和扩展数据采集卡[95-97]。该设备的主要技术参数如表 6-11 所示。

图 6-60　摩擦螺柱焊试验设备

表 6-11　水下摩擦焊机的主要技术参数

主轴最高转速 /(r/min)	主轴最大扭矩 /(N·m)	主轴最大行程/mm	轴向最大进给速度 /(mm/min)	轴向最大焊接压力/MPa
8000	50	80	200	9

摩擦螺柱焊高压试验舱(图 6-61)主要由筒体、两侧密封盖、传感器法兰、注水口法兰、油路口法兰、主轴固定基板、工件固定基板和底部出水口等部分组成。罐内容积为 0.42m³，设计的额定内部承受压力为 5MPa，在本次试验中分别模拟150m 水深和 300m 水深环境的压力。摩擦焊主轴头安装于压力舱内部，并配装焊接专用工装夹具(图 6-62)。

6.2.4　焊接试验及接头性能测试

针对 X65 管线钢开展相关的焊接试验[96]，焊接螺柱结构及尺寸如图 6-63 所示，焊接部分棒直径为 14mm。根据甲方要求，焊接试验的管道直径包括 6in、12in和 16in 三种尺寸规格，试验管段被加工成宽 30mm、弦长 70mm 的小段试验工件，如图 6-64 所示。

图 6-61　摩擦螺柱焊高压试验舱

图 6-62　舱内安装的焊接主轴及焊接工装夹具

本试验主要包括三个环境参数，分别为焊接管材直径、焊接环境压力和焊接环境温度，其中焊接环境压力和焊接管道直径有三个条件，焊接环境温度有两个条件，表 6-12 为具体的焊接外部环境参数。

表 6-12　焊接外部环境参数

焊接环境压力/MPa	焊接管道直径/in	焊接环境温度/℃
常压(0.1)	6	常温(25)
中压(1.5)	12	低温(6)
高压(3)	16	

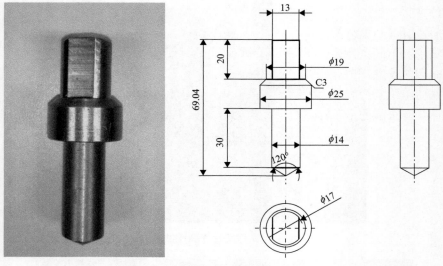

图 6-63　焊接螺柱结构(单位：mm)

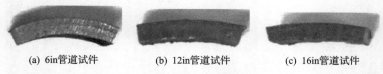

(a) 6in管道试件　　　　(b) 12in管道试件　　　　(c) 16in管道试件

图 6-64　不同尺寸的管道试件

　　试验结果表明，通过调整焊接转速、进给速度、顶锻压力等焊接工艺参数，可以在不同压力和温度条件下获得外观良好的焊接接头。图 6-65 为 3MPa、6℃低温条件下的水下摩擦螺柱焊焊接接头。

图 6-65　3MPa、6℃低温下的 12in 管道焊接接头

1）金相组织

通过对不同工艺条件下 X65 管线钢金相组织（图 6-66 和图 6-67）的分析得出以下结论：不同条件下母材区的晶体组织存在细微差异，这种差异主要是在母材成形时因热处理工艺和控制温度不同所导致的；不同条件下摩擦螺柱焊焊件焊缝区的晶体组织并没有明显差别，其晶体组织主要为上贝氏体组织，束状的贝氏体铁素体具有很高的平行度，短杆状碳化物分布在铁素体条之间；不同条件下摩擦

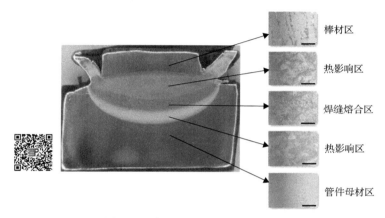

棒材区

热影响区

焊缝熔合区

热影响区

管件母材区

图 6-66　宏观金相图（扫码见彩图）

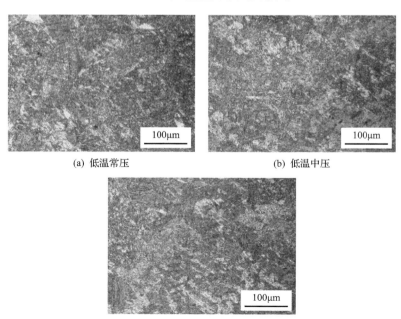

(a) 低温常压　　　　　　　　　　　　(b) 低温中压

(c) 低温高压

图 6-67　不同压力条件下 X65 管线钢焊缝金相组织

螺柱焊焊件棒材区的晶体组织并没有差异，其金相组织主要为带状均匀分布的白色块状铁素体和黑色珠光体组织[82]。

2) 力学性能测试

（1）拉伸性能

针对不同条件下的摩擦螺柱焊接试件进行拉伸性能测试，其拉伸性能测试结果如表 6-13 所示。

表 6-13　不同工况条件下摩擦螺柱焊接接头拉伸性能测试结果

焊接条件	样件 1/MPa	样件 2/MPa	样件 3/MPa	平均/MPa
常压常温 6in 管	567	564	566	565
常压常温 12in 管	530	518	540	529
常压常温 16in 管	521	526	566	537
常压、6℃低温 6in 管	526	576	557	553
常压、6℃低温 12in 管	524	533	556	537
常压、6℃低温 16in 管	562	523	546	543
1.5MPa 中压、6℃低温 6in 管	525	526	513	521
1.5MPa 中压、6℃低温 12in 管	561	540	614	571
3MPa 中压、6℃低温 16in 管	486	521	538	515
3MPa 高压、6℃低温 6in 管	543	529	534	535
3MPa 高压、6℃低温 12in 管	532	510	533	525
3MPa 高压、6℃低温 16in 管	520	506	562	529

不同条件下摩擦螺柱焊接试件的拉伸测试结果表明：在所有被测试件中，焊接接头抗拉强度的最小值为 486MPa，可承受 74.8kN 的轴向拉力，其抗拉强度达到了母材抗拉强度的 90%，断面位于焊缝位置（图 6-68）。但是，从断口形貌来看，该试件为塑性断裂。在所有被测试件中，焊接接头抗拉强度的最大值为 614MPa，可承受 94.4kN 的轴向拉力（图 6-69），其抗拉强度值高于母材，达到母材抗拉强度的 114%。断面位于螺柱母材位置（图 6-70）。

（2）弯曲性能

针对不同条件下的摩擦螺柱焊接接头试件进行弯曲测试，本试验采用三点弯曲法（图 6-71），测试结果采用压头弯曲下压力表征，如表 6-14 所示。测试结果表明，在所有被测试件中测得的最小压力为 28.4kN，最大压力为 63.2kN。所有试件的弯曲角度均大于 30°，并且所有试件在弯曲时均无断裂痕迹，表明在不同条件下焊接获得的摩擦螺柱焊接接头具有良好的抗弯性能，如图 6-72 所示。

图 6-68　最小抗拉强度试件的断裂位置

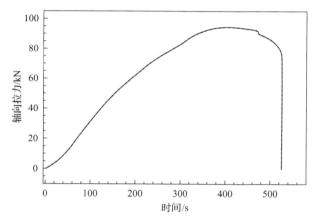

图 6-69　最大抗拉强度试件的抗拉强度测试曲线

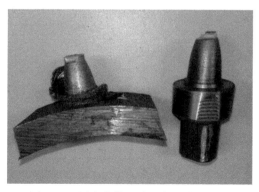

图 6-70　最大抗拉强度试件的断裂位置

图 6-71　弯曲测试

表 6-14　不同条件下焊接接头的弯曲测试数据

焊接条件	样件 1/kN	样件 2/kN	样件 3/kN	平均/kN
常压常温、6in 管	35.4	33.4	43.4	37.4
常压常温、12in 管	47.0	53.4	63.2	54.5
常压常温、16in 管	37.8	32.1	36.4	35.4
常压、6℃低温、6in 管	49.1	44.6	35.3	43.0
常压、6℃低温、12in 管	41.4	57.0	54.0	50.8
常压、6℃低温、16in 管	44.2	42.3	43.6	43.3
1.5MPa 中压、6℃低温、6in 管	28.4	45.4	53.8	42.5
1.5MPa 中压、6℃低温、12in 管	55.2	60.3	34.3	49.9
3MPa 中压、6℃低温、16in 管	45.6	44.8	49.4	46.6
3MPa 高压、6℃低温、6in 管	43.2	62.9	42.0	49.3
3MPa 高压、6℃低温、12in 管	51.4	39.1	40.5	43.6
3MPa 高压、6℃低温、16in 管	35.1	50.3	45.4	43.6

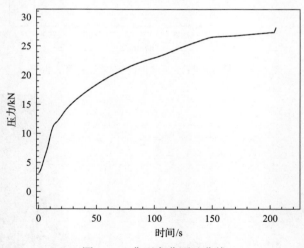

图 6-72　典型弯曲测试曲线

(3) 腐蚀性能

采用微区扫描电化学工作站，利用扫描局部电化学阻抗谱技术(LEIS)对不同管径的 X65 管在不同外界温度、压力环境的摩擦螺柱焊焊接件进行微区扫描，检测其焊缝的腐蚀性能，扫描区域宏观图如图 6-73 所示[95]。

试验结果表明，对于 6in 管和 16in 管来说，在焊缝区的阻抗值最大，而且从管母材区到棒材区，整体的阻抗值呈先减小再增大然后再减小的趋势，说明摩擦螺柱焊接头处焊缝区的耐蚀性最好，管母材区其次，然后是热影响区，最后是棒材区[82]。而对于 12in 管来说，由于母材晶体组织的差异，其耐蚀性相较于 6in 和16in 管来说较差，从管母材区到棒材区，其整体的阻抗值呈先增大后减小的趋势，这是因为在焊接过程中焊件各区域的微观组织不同，影响了焊件各区域的耐蚀性[98]。在焊缝区生成了比较细小的晶粒，而在热影响区部位的材料也因受摩擦热和轴向力的作用，晶粒相对于母材也有所细化，所以在焊缝区的残余应力最小。基于以上各方面的综合影响，焊缝区的耐蚀性最好。图 6-74 为在 6℃低温及不同压力条件下 X65 钢在摩擦螺柱焊焊接件的局部电化学阻抗图谱。

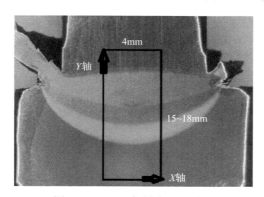

图 6-73　LEIS 扫描宏观区域图

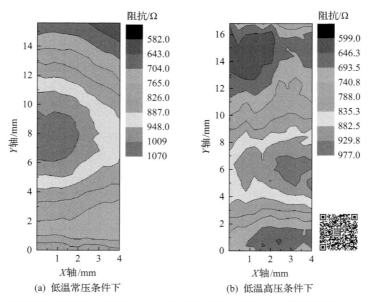

(a) 低温常压条件下　　　　　　(b) 低温高压条件下

图 6-74　6℃低温及不同压力条件下 X65 钢焊接接头的局部电化学阻抗图谱(扫码见彩图)

参 考 文 献

[1] 姜焕中. 焊接方法及设备 第一分册[M]. 北京: 机械工业出版社, 1981.

[2] 中国机械工程学会焊接学会. 焊接手册 焊接方法及设备[M]. 2版. 北京: 机械工业出版社, 2005.

[3] John H N. Underwater Repair Technology[M]. Cambridge: Woodhead Publishing Ltd., 2000.

[4] 房晓明, 周灿丰, 焦向东. 水下焊接修复技术[M]. 北京: 石油工业出版社, 2005.

[5] TWI(UK), PWI(Paton Electric Welding Institute, Ukraine). Underwater Wet Welding and Cutting[M]. Cambridge: Woodhead Publishing Ltd., 1998.

[6] 焦向东, 周灿丰, 沈秋平, 等. 水下湿式焊接与切割[M]. 北京: 石油工业出版社, 2007.

[7] 焊接之家. 水下焊接你了解多少? [EB/OL]. (2020-04-06)[2023-07-16]. https://www.sohu.com/a/385834384_367734.

[8] 中研研究院. 2021年全球油气市场规模将达5.87万亿美元[EB/OL]. (2021-08-19)[2023-08-16]. https://www.chinairn.com/hyzx/20210819/112222932.shtml.

[9] Hancock R. Underwater welding in nuclear power plants[J]. Welding Journal, 2003, 82: 48-49.

[10] 中国造船. 常讲的"海工装备"有哪些(三)—油田建设(2)[EB/OL]. (2015-11-15)[2023-08-16]. http://www.chinashipbuilding.cn/info.aspx?92g2iJeks!l6mK10BUSTapklujyukkpp4FBgBa92g2iJeks!anmkhTk8Pl4EN.

[11] 肖俊祥, 周灿丰, 焦向东, 等. 盾构机结构件机器人多层多道焊关键技术[J]. 焊接, 2017, (7): 13-18.

[12] 肖俊祥, 周灿丰, 焦向东, 等. 焊接机器人在盾构机刀盘部件制造中的应用[J]. 焊接, 2018, (4): 17-22.

[13] 朱木森, 周灿丰, 焦向东, 等. 盾构机刀盘机器人立焊试验研究[J]. 电焊机, 2019, 49(7): 57-61.

[14] AWS. Underwater Welding Code (6th Edition): AWS D3. 6M-2017[S]. New York: American Welding Society, 2017.

[15] 周灿丰, 焦向东, 何峰, 等. 盾构刀盘高压焊接维修工艺研究[J]. 焊接技术, 2015, 44(9): 36-39.

[16] 高辉, 周灿丰, 焦向东, 等. 水下干式高压焊接电弧摄像研究[J]. 焊接技术, 2007, 36(6): 35-37.

[17] 周灿丰, 焦向东, 薛龙. 高压空气环境钨极氩弧焊电弧形态[J]. 焊接, 2008, (3): 28-30.

[18] 王中辉, 蒋力培, 焦向东, 等. 高压下TIG电弧稳定性的研究[J]. 中国机械工程, 2006, 17(11): 1191-1194.

[19] 蒋力培, 王中辉, 焦向东, 等. 水下焊接高压空气环境下GTAW电弧特性[J]. 焊接学报, 2007, 28(6): 1-4.

[20] 周灿丰, 焦向东, 薛龙. 高压空气环境钨极氩弧焊接电弧静特性[J]. 石油化工高等学校学报, 2008, 21(1): 66-69.

[21] 赵华夏. 干式高压TIG焊接电弧物理特性的研究[D]. 北京: 北京化工大学, 2007.

[22] 孙昕辉. 磁场控制脉冲MIG焊接电弧特性的研究[D]. 北京: 中国石油大学(北京), 2009.

[23] 乔慧娟. 磁场作用下TIG焊接电弧模拟研究[D]. 北京: 中国石油大学(北京), 2010.

[24] 赵华夏. 高压环境焊接电弧特性及熔滴过渡行为研究[D]. 北京: 北京化工大学, 2010.

[25] 周灿丰, 焦向东, 薛龙, 等. 以空气为舱内加压气体的钨极氩弧焊接[J]. 焊接学报, 2007, 28(2): 5-8.

[26] 王中辉, 蒋力培, 焦向东, 等. 高压环境下16Mn模拟全位置管道焊接工艺[J]. 焊接技术, 2006, 35(2): 25-27.

[27] 王中辉, 蒋力培, 焦向东, 等. 高压环境下GTAW电弧稳定性试验研究[C]//中国焊接协会. 第十一次全国焊接会议论文集(第2册). 上海: 中国焊接协会, 2005: 211-233.

[28] 王中辉, 蒋力培, 焦向东, 等. 气氛压力对水下高压干法全位置焊缝成形的影响[J]. 机械工程学报, 2007, 43(11): 69-72.

[29] Akselsen O M, Aune R, Fostervoll H, et al. Dry hyperbaric welding of subsea pipelines[J]. Welding Journal, 2006, (6): 52-55.

[30] Zhou C F, Jiao X D, Xue L, et al. Study on automatic hyperbaric welding applied in sub-sea pipelines repair[C]//ISOPE. Proceedings of the Twentieth (2010) International Offshore and Polar Engineering Conference. Beijing, China:ISOPE,2010.229-233.

[31] Hart P, Richardson I M, Billingham J, et al. Underwater joining to 8,200ft—An alternative to mechanical connectors[C]//Clarion Technical Conference. Proceedings of Deepwater Pipeline & Riser Technology Conference & Exhibition. Houston, 2000: 1-32.

[32] Richardson I M, Nixon J H. Open arc pulsed current GMAW-application to hyperbaric operations[C]//ASM. The American Society for Metals International Welding Congress. Toronto, Canada: ASM, 1985.

[33] Richardson I M, Nixon J H, Nosal P, et al. Hyperbaric GMA welding to 2500m water depth [C]//ETCE/OMAE .Proceedings of ETCE/OMAE 2000 Joint Conference: Energy for the New Millennium. New Orleans, 2000: 927-936.

[34] Hart P, Richardson I M, Nixon J H. The effects of pressure on electrical performance and weld bead geometry in high pressure GMA welding[J]. Welding Research Abroad, 2003, 49(3): 29-37.

[35] Woodward N J, Yapp D, Blackman S, et al. Diverless underwater GMA welding for pipeline repair using a fillet weldsleeve[C]//ASME. Proceedings of 2004 International Pipeline Conference. Alberta, 2004: 1475-1484.

[36] Woodward N, Apeland K E, Berge J O, et al. Subsea pipelines: The remotely welded retrofit tee for hot tap applications[C]//OMAE. ASME 2013 32nd International Conference on Ocean, Offshore and Arctic Engineering. Nantes, 2013.

[37] Azar A S, Woodward N, Fostervoll H, et al. Statistical analysis of the arc behavior in dry hyperbaric GMA welding from 1 to 250bar[J]. Journal of Materials Processing Technology A, 2012, 212: 211-219.

[38] Azar A S, Lange H I, Østby E, et al. Effect of hyperbaric gas composition on mechanical properties of the weld metal[J]. Journal of Materials Processing Technology A, 2012, 556: 465-472.

[39] 谷孝满, 黄松涛, 焦向东, 等. 高气压环境下脉冲 MIG 焊频率优化改善电弧稳定性的研究[J]. 电焊机, 2007, 36(6): 35-37.

[40] 黄松涛, 谷孝满, 王磊, 等. 高气压环境脉冲 MAG 焊气体混合比对焊接稳定性的影响[J]. 焊接学报, 2015, 36(3): 43-46.

[41] 王磊, 黄松涛, 焦向东, 等. 高气压环境下脉冲 MAG 焊稳定性及其电弧电压补偿[J]. 焊接学报, 2015, 36(3): 63-66.

[42] 谷孝满, 焦向东, 黄松涛, 等. 高气压环境下脉冲 MIG 焊熔滴过渡不稳定现象分析[J]. 焊接技术, 2015, 44(3): 9-12.

[43] 黄松涛, 谷孝满, 焦向东, 等. 高气压环境下脉冲电流控制对熔滴过渡的影响[J]. 焊接学报, 2015, 36(7): 25-29.

[44] Huang S T, Zhang Y M, Jiao X D, et al. Effects of welding parameters of pulsed gas metal arc welding on microstructure and mechanical performance of joints welded in hyperbaric environment[J]. Annales de Chimie: Science des Materiaux, 2020, 44(4): 287-294.

[45] 陈林柯. 环境压力对等离子切割电弧影响研究[D]. 北京: 北京石油化工学院, 2020.

[46] 佟浩东. 高压环境等离子弧电离行为及其切割工艺研究[D]. 北京: 北京石油化工学院, 2021.

[47] 焦向东, 薛龙, 周灿丰, 等. 海底输油(气)管线干式修复自动焊接技术与装备[C]//中国焊接协会. 第十一次全国焊接会议论文集(第 2 册). 上海: 中国焊接协会, 2005: 218-221.

[48] 焦向东, 周灿丰, 薛龙, 等. 遥操作干式高压海底管道维修焊接机器人系统[J]. 焊接学报, 2009, 30(11): 1-4.

[49] 薛龙, 王中辉, 周灿丰, 等. 高压空气环境下 TIG 焊接机器人关键技术[J]. 焊接学报, 2006, 27(12): 17-20.

[50] 焦向东, 陈家庆, 周灿丰, 等. 干式高压焊接试验系统及其关键问题[C]//中国焊接协会. 第十一次全国焊接会议论文集(第 2 册). 上海: 中国焊接协会, 2005: 265-268.

[51] 陈家庆, 焦向东, 赵增慧, 等. 高压焊接试验舱的设计及其关键问题研究[J]. 石油矿场机械, 2004, 33(3): 1-5.

[52] 薛龙, 周灿丰, 焦向东, 等. 水下干式高压焊接试验装置控制系统研究[J]. 焊接技术, 2005, 34(6): 46-48.

[53] 薛龙, 焦向东, 周灿丰, 等. 水下干式高压焊接试验系统研究[J]. 中国机械工程, 2006, 17(9): 881-884.

[54] 陈勇, 曹军, 许威, 等. 热输入对水下局部法焊接质量的影响[J]. 造船技术, 2018, (1): 43-47.

[55] 王振民, 谢芳祥, 冯允樑, 等. 水下机器人局部干法焊接系统[J]. 焊接学报, 2017, 38(1): 5-8, 129.

[56] 沈相星, 程方杰, 邸新杰, 等. 水下局部干法焊接预热技术及专用排水罩的研制[J]. 焊接学报, 2018, 39(3): 112-116, 134.

[57] 黄军芬, 黄继强, 孙亚玲, 等. 水下局部干法焊接中排水罩内的流体状态分析[J]. 上海交通大学学报, 2016, 50(10): 1622-1626.

[58] 周凯, 李连波, 许威, 等. 水下焊枪微型排水罩仿真计算与优化设计[J]. 石油矿场机械, 2013, 42(1): 28-31.

[59] 高延峰, 胡翱. 局部干法焊接排水罩的流场分析与优化设计[J]. 热加工工艺, 2016, 45(11): 178-180, 187.

[60] 冯允樑. 核乏燃料池水下局部干法机器人焊接电源的研究[D]. 广州: 华南理工大学, 2016.

[61] 张彤, 钟继光, 王国荣. 药芯焊丝微型排水罩局部干法水下焊接的研究[C]//第九次全国焊接会议论文集(第 2 册). 北京: 中国机械工程学会焊接学会, 1999.

[62] 朱加雷, 焦向东, 蒋力培, 等. 局部干法自动水下焊接试验研究[J]. 北京石油化工学院学报, 2008, 16(2): 38-42.

[63] 朱加雷, 焦向东, 金枫, 等. 局部干法自动水下焊接系统的研究[J]. 电焊机, 2009, 39(8): 10-13.

[64] Zhu J L, Jiao X D, Zhou C F, et al. Applications of underwater laser peening in nuclear power plant maintenance[J]. Energy Procedia, 2012, 16: 153-158.

[65] Zhu J L, Jiao X D, Zhou C F. Study of local dry automatic underwater welding test system[C]//IEEE. International Conference on Electrical & Control Engineering. Wuhan, 2010.

[66] Zhou C F, Jiao X D, Zhu J L, et al. Study on local dry welding of 304 stainless steel in nuclear power stations repair[J]. Advanced Materials Research, 2012, 460: 415-419.

[67] 朱加雷, 焦向东, 周灿丰. 不锈钢自动水下焊接工艺优化[J]. 上海交通大学学报, 2010, 44(S1): 77-80.

[68] Li C W, Zhu J L, Cai Z H, et al. Microstructure and corrosion resistance of underwater laser cladded duplex stainless steel coating after underwater laser remelting processing[J]. Materials, 2021, 14(17): 4965.

[69] Wang K, Shao C L, Jiao X D, et al. Investigation on microstructure and properties of duplex stainless steel welds by underwater laser welding with different shielding gas[J]. Materials, 2021, 14(17): 4774.

[70] Andrews R E, Mitchell J S. Underwater repair by friction stitch welding[J]. Metals &Materials, 1990, 6(12): 796-797.

[71] Thomas W M, Nicholas E D, Jones S B, et al. Friction forming: United states: 5469617[P]. 1995-11-28.

[72] Meyer A, Pauly D, Santos J F D, et al. Subsea robotic friction-welding-repair system[C]// OTC 13250: 2001 Offshore Technology Conference. Houston, 2001.

[73] Gibson D E, Meyer A, Vennemann O, et al. Engineering applications of friction stitch welding[C]// Proceedings of 20th International Conference on Offshore Mechanics and Arctic Engineering. Rio de Janeiro, 2001: 139-143.

[74] Reynolds A P, Hood E, Tang W. Exture in friction stir welds of timetal 21S[J]. Scripta Materialia, 2005, 52: 491-494.

[75] Ambroziak A, Gul B. Investigations of underwater FHPP for welding steel overlap joints[J]. Archives of Civil and

Mechanical Engineering, 2007, 7（2）: 67-76.

[76] 占宏伟, 焦向东, 高辉, 等. 摩擦叠焊单元成形质量影响因素研究[J]. 电焊机, 2011, 41（5）: 62-65.

[77] 陈忠海, 陈家庆, 焦向东, 等. 摩擦叠焊的基础研究及工程应用[J]. 电焊机, 2009, 39（4）: 109-116.

[78] 周灿丰, 焦向东, 高辉, 等. 深水结构物维修摩擦叠焊设备研制[J]. 船海工程, 2016, 45（1）: 147-150.

[79] 焦向东, 周灿丰, 高辉, 等. 管型结构物维修摩擦叠焊设备研制[J]. 焊接, 2015, （11）: 8-13, 69.

[80] 田路, 高辉, 焦向东. 基于 X65 钢的摩擦螺柱焊可行性焊接工艺[J]. 上海交通大学学报, 2016, 50（12）: 1898-1901.

[81] 黄江中, 许威, 张大伟. 摩擦叠焊状态监测新方法[J]. 机械, 2015, 42（3）: 14-17.

[82] 李冠群, 高辉, 周灿丰, 等. 预制孔形状对摩擦叠焊单元成形影响的数值分析[J]. 热加工工艺, 2014, 43（21）: 149-151.

[83] 高辉, 焦向东, 周灿丰, 等. 进给速度对摩擦叠焊单元成型质量的影响[C], 北京: 中国机械工程学会, 2012.

[84] 高辉, 焦向东, 周灿丰, 等. 基于 Abaqus 的水下摩擦螺柱焊焊接过程仿真[J]. 焊接学报, 2014, 35（12）: 50-54, 3.

[85] 高辉, 焦向东, 周灿丰, 等. 网格重划分技术在摩擦叠焊仿真中的应用[J]. 热加工工艺, 2013, 42（11）: 161-163.

[86] 宋国祥, 陈秀清, 杨帆, 等. 塞棒形式对摩擦叠焊单元成质量的影响[J]. 电焊机, 2014, 44（8）: 84-87.

[87] 高辉, 焦向东, 周灿丰, 等. Q235 钢摩擦叠焊单元成形焊接接头金相组织分析[J]. 焊接技术, 2013, 42（6）: 12-14, 85.

[88] 徐亚国, 焦向东, 周灿丰, 等. 摩擦螺柱焊水下焊接工艺的初步研究[J]. 热加工工艺, 2015, 44（11）: 190-192, 195.

[89] 狄冰, 邓周荣, 施炎武, 等. 海底管道水下摩擦螺柱焊焊接工艺研究[J]. 北京石油化工学院学报, 2019, 27（4）: 34-39, 58.

[90] 严春妍, 吴立超, 张可召, 等. 水下湿法多层焊接头显微组织和应力分析[J]. 电焊机, 2019, 49（10）: 22-27.

[91] Nicholas E D. Underwater friction welding for electrical coupling of sacrificial anodes[C]//The Offshore Technology Conference, Houston, 1984.

[92] Ambroziak A, Gul B. Investigations of underwater FHPP for welding steel overlap joints[J]. Archives of Civil and Mechanical Engineering, 2007, 7（2）: 67-76.

[93] Jesudoss Hynes N R, Nagaraj P, Jennifa Sujana J A. Investigation on joining of aluminum and mild steel by friction stud welding[J]. Materials and Manufacturing Processes, 2012, 27（12）: 1409-1413.

[94] Ratnayake R M C, Brevik V A. Underwater friction stud welding: Evaluating optimum parameter settings for subsea intervention without a shroud[C]//International Conference on Offshore Mechanics and Arctic Engineering. American Society of Mechanical Engineers, San Francisco, 2014.

[95] 顾艳红, 马慧娟, 高辉, 等. 16Mn 钢摩擦螺柱焊接头的微观组织与局部腐蚀[J]. 上海交通大学学报, 2017, 51（11）: 1348-1354.

[96] 戴婷, 顾艳红, 高辉, 等. 水下摩擦螺柱焊接头在饱和 CO_2 中的电化学性能[J]. 中国腐蚀与防护学报, 2021, 41（1）: 87-95.

[97] 狄冰, 邓周荣, 施炎武, 等. 海底管道水下摩擦螺柱焊焊接工艺研究[J]. 北京石油化工学院学报, 2019, 27（4）: 34-39, 58.

[98] 顾艳红, 马慧娟, 高辉, 等. 16Mn 钢摩擦螺柱焊接头的微观组织与局部腐蚀[J]. 上海交通大学学报, 2017, 51（11）: 1348-1354.